Chkalov Transpolar
Flight Committee

Flights History
Institute

Yearbook 2012-13

Chkalov Transpolar
Flight Committee

Flights History
Institute

Yearbook 2012 – 2013

Volume 1

Edited by Mikhail Smirnov

Vancouver, WA, USA

FLIGHTS | НИИ
HISTORY | ИСТОРИИ
INSTITUTE | ПЕРЕЛЕТОВ

Чкаловский
Комитет
Трансполярного
Перелета

Научно-
Исследовательский
Институт Истории
Перелетов

Ежегодник трудов

за 2012 – 2013 гг.

Том 1

Под редакцией Михаила Смирнова

г. Ванкувер, штат Вашингтон, США

South Eastern Publishers Inc,
New York • Washington D.C. • London • Moscow • Hong Kong • New Delhi
228 Park Ave South,
New York, NY 10003-1502 USA

For more information e-mail info@sepublishers.com
or visit our website www.SEpublishers.com

Edited by Mikhail Smirnov
Book design by B.B.Opastny

Printed in United States of America
First Edition: November 2013

978-1-936531-14-1 (Hardcover)
978-1-936531-15-8 (EPUB)
978-1-936531-16-5 (Kindle)

Contents

A Note from the President

Dear Friends,

With enormous pride I am presenting to your kind attention this small book - the first joint product of a tense collaboration, a hell of volunteering work, huge self-involvement and a lot, really – A LOT of CHALLENGE to give you the possibility to easily recall some facts from our joint American-Russian History we are so proud of.

It was long ago when I first thought - why Americans were so surprised if not to say shocked by Chkalov's and Gromov's 1937 Non-stop Transpolar flights? It seems, there are at least two major reasons.

1. Of course it was almost a miracle that in the country where "wild bears were walking along the streets of major cities" (as described by US media at that time) and where electricity in many villages was very rare achievement especially in private houses, could be construed, designed and manufactured airplanes and motors at the edge of modern technology.

2. But, I think, the main role in this surprise played the very short memory and ignorance of history – Ameri-

cans just forgot the 1929 Shestakov's flight from Moscow to New York via Pacific Ocean, and, probably never just heard about other long-range flights made by soviet flyers long before 1937. Such as Moscow - Tokyo 1927 by Shestakov, Moscow – Beijing - Tokyo in 1925 by Gromov – just to mention a few.

The Non-stop Transpolar 1937 Chkalov's Flight overwhelmed and made a lot of people forget the First Russian Intercontinental 1929 Semen Shestakov's flight from Moscow to New York with a stop (among many others) in Vancouver, WA on 18-th of October, 1929.

«There are many historical ties between this site and Russia,» Fort Vancouver Superintendent Tracy Fortmann said on the occasion of Chkalov flight's 76th anniversary in 2013. "It includes Fort Vancouver's partnership with the Russian American Company in the fur trade era, to the two Soviet flights that landed at Pearson Field. The Chkalov flight, particularly, established a lasting connection between the United States and Russia» Fortmann said. "An earlier visit by Soviet aviators was in 1929, when Semyon Shestakov and three crew members landed here to fix an oil pump." "The Columbian", June 19, 2013.

We wanted give you the possibility to read a small book, wrote by Valery Chkalov in 1937. It was never re-published in the USSR or in Russia. For the modern reader some things looks strange – but it is a perfect example of its time. Unfortunately we were unable to translate it into English in due time, so just those who can read in Russian will be able to read this very interesting historic document. Those interested in the detailed description of the flight we will recommend to read the excellent book written by Georgiy Baydukov, translated into English and published in USA several times.

We specially thank V.Chkalov family for the permission to publish the materials we got from Valeria Valerievna Chkalova – senior daughter of the Hero. With great regret we have to mention her death on 20 April 2013.

In the fall of next 2014 we will celebrate 85th anniversary of the heroic 1929 flight of "Strana Sovetov" led by Semyon Shestakov. (Please feel free to contact us for more details. Visit us at www.flights-history.org, or just call +1 (360) 334-7145.) We included the material prepared by Mikhail Smirnov (Chkalov Transpolar Flight Committee Vice President) on the subject. I hope we will have the possibility to publish more very interesting details about this flight later.

There is a Russian proverb, very much in use nowadays –"The first pancake is always lumpy". I sincerely hope this is not The Case.

David H. Dumas

President
Chkalov Transpolar Flight Committee
Vancouver, WA, 2013

Вступительное слово Президента

Дорогие друзья,

С огромной гордостью я представляю Вашему благосклонному взгляду эту небольшую книгу — первый продукт совместных усилий, результат чертовой тучи волонтерской работы, колоссального самововлечения, с тем, чтобы дать Вам возможность легко припомнить некоторые факты нашей совместной Российско-Американской истории, которой мы все так гордимся.

Много лет назад я впервые задумался — почему американцы были так удивлены, если не сказать — шокированы, беспосадочными трансполярными перелетами Чкалова и Громова в 1937 году? Мне кажется, тому есть, как минимум, два главных объяснения.

1. Конечно, это казалось просто чудом — что в стране, «где по улицам крупнейших городов гуляли дикие медведи» (как писала тогда американская пресса), где встретить электричество в частных деревенских домах было почти невозможно, и в этой стране были разработаны, спроектированы и построены самые передовые на тот момент авиадвигатели и самолеты!

2. Но, пожалуй, главную роль в этом неприятном «сюрпризе» сыграли короткая память и незнание истории – американцы забыли, или вовсе не знали о перелете Шестакова в 1929 году из Москвы в Нью-Йорк через Тихий океан. А о других сверхдальних перелетах советских летчиков американцы, скорее всего, и просто не слыхали. Таких, например, как перелет Москва – Токио Шестакова в 1927 году, Москва – Пекин – Токио в 1925 году, совершенный М.Громовым. И это – далеко не все!

К сожалению, после грандиозного успеха беспосадочного перелета Чкалова через Северный полюс в 1937 году, многие забыли успех первого русского интерконтинентального перелета из Москвы в Нью-Йорк Семена Шестакова. Перелета, конечно, со многими промежуточными посадками, в том числе - и в нашем Ванкувере, штата Вашингтон – 18 октября 1929 года.

На праздновании 76-й годовщины Чкаловского перелета в 2013 году Суперинтендант исторического форта Ванкувер Трейси Фортманн заметила: «Есть много исторических связей между этим местом и Россией. В том числе партнерство форта Ванкувер с Русско-Американской Компанией в эпоху пушной торговли и вплоть до двух советских перелетов, приземлившихся на аэродроме Пирсон Филд. Чкаловский перелет имел особенное значения для установления долгосрочных связей между Соединенными Штатами и Россией.»

«Более ранний визит советских летчиков состоялся в 1929 году, когда экипаж Семена Шестакова приземлился здесь, из-за неполадок с масляной помпой» - отмечала местная газета «Зе Коламбиан» 19 июня 2013 года.

Мы хотели предоставить Вам возможность прочитать маленькую книгу, написанную Валерием Чкаловым в 1937 году. Она никогда не переиздавалась в СССР или в России. Современному читателю многое в ней может показаться странным, однако она является бесценным документом своей эпохи. К сожалению, мы не смогли обеспечить своевременный перевод русского текста, так что ознакомиться с ним смогут только те, кто читает по-русски. Тем же, кто интересуется деталями перелета, мы можем порекомендовать прекрасную книгу Г.Ф.Байдукова, переведенную на английский и несколько раз издававшуюся в США.

Выражаем особую благодарность членам семьи В. Чкалова за возможность опубликовать материал, который мы получили от Валерии Валерьевны Чкаловой – старшей дочери Героя. С большой грустью сообщаем о ее кончине 20 апреля 2013 года.

Осенью следующего, 2014 года, мы будем праздновать 85-летие героического перелета «Страны Советов» под командованием Семена Шестакова в 1929 году из Москвы в Нью-Йорк. (Для того, чтобы узнать больше посетите нас по адресу: www.flights-histoty.org , либо звоните: 1 (360) 334-7145). Мы также включили в это издание материал, подготовленный Михаилом Смирновым (вице-президентом Чкаловского Трансполярного Комитета), посвященный этому перелету. Надеюсь, мы сможем продолжить публикацию многих интереснейших исторических документов, описывающих этот, а равно и другие перелеты.

Существует русская поговорка, часто употребляемая и сегодня: «Первый блин – комом!». Искренне надеюсь, что это не тот случай.

Дэйв Х. Дюма

Президент
Чкаловского Комитета
Трансполярного Перелета

г.Ванкувер, штат Вашингтон, 2013 год

Chkalov Transpolar Flight Committee

Established in 1937, revitalized in 1974, incorporated in 2012 as a Washington State Non Profit Organization

On June 20, 1937 Chkalov's crew landed in Vancouver, WA, finishing their historic non-stop 63 hours transpolar flight from Moscow, USSR to North America.

On July 26, 1937 **The Moscow-To-Vancouver Committee** (Chairman Mr. Rasmussen, Secretary Mr. Roy C. Sugg) wrote a letter to Maxim Litvinov, USSR Commissar for foreign affairs, stating, that "To pay the USSR the honor which she has won by this flight the citizens of Vancouver propose to erect a monument to commemorate and preserve in everlasting stone and bronze the memory of this, the first aerial conquest of the "roof of the world". This monument we plan to erect marking the approximate spot at which the now famous Ant 25 came to rest at the end of her historic flight". Unfortunately, it never happened at that time.

On May 20, 1974 **Chkalov Memorial Transpolar Flight Committee** was founded in Vancouver. Original members were Peter Belov*, Richard Bowne*, Alan L. Cole, Charles

Cunningham, Danny Grecco, Fred Neth, Ken Puttkamer, Norman Small, Lloyd Stromgren and Thomas Taylor (*Co-Founder).

The major achievement of the Committee was the construction in Vancouver of the Chkalov monument, where by June 20, 1975 ninety-seven local companies donated money, labor and materials to complete the monument. In 1996 the monument was moved to its present location next to the Pearson Air Museum.

On November 18, 1999 **The Valery P. Chkalov Cultural Exchange Committee** was incorporated by Jess V. Frost and received tax exempt status.

On November 1, 2002 Sandy Cole, Dick Bowne and Alan L. Cole have resigned from Cultural Exchange Committee and reconstituted **Chkalov Transpolar Flight Committee.**

On June 10, 2012 (the year of 75-th anniversary of the historic Chkalov's flight) Chkalov Transpolar Flight Committee was incorporated as a Washington State Non Profit Organization.

Its Mission is to preserve the mutual Russian-USA Heritage and disseminate knowledge of the first nonstop transpolar flight accomplished by Valery Chkalov's crew in 1937 and the history of aviation in general.

Chkalov Transpolar Flight Committee
President
David H. Dumas

Chkalov monument in Vancouver, WA.

CHKALOV LANDED IN VANCOUVER, WA
NOT DC, NOR BC

The Moscow-To-Vancouver Committee
Of Vancouver, Washington, U. S. A.
July 26, 1937

Honorable Maxim Litvinov
Commissar for Foreign Affairs
Moscow, U.S.S.R.

Sir:

We, the citizens of Vancouver, Washington, terminus of the first historic flight over the North Pole by Soviet aviators, extend to those heroes and to the people from which they sprang our sincere congratulations on that achievement.

When Valeri Chekalov, Georgei Baidukov and Sasha Beliakoff soared into the dawn from Tschelkovo field the morning of the Seventeenth of June, 1937 they dared what no man had ever dared before. When they landed at Vancouver, Washington 61 hours and 17 minutes later they had achieved what no man ever achieved before.

In one fearless flight they pushed back the frontiers of the known world almost to the vanishing point. In one mighty stroke they cut the world in two, whittling it down to half its former size. In one supreme exhibition of steel courage and skill they extended the Soviet's frontiers for defense and for commercial intercourse almost half way around the world.

Their's is a feat that has outshone all others in aviation history. But in a larger sense their victory over the unknown Arctic was not the feat of an individual, but of a nation, united in achieving its end. The air plane which carried them across the last frontier of the world was the product of the united minds and hands of the Russian people. The instruments and experience which guided them in their intrepid flight were the result of long planning and research. Their triumph was Russia's triumph.

- To pay the U.S.S.R. the honor which she has won by this flight the citizens of Vancouver propose to erect a monument to commemorate and preserve in everlasting stone and bronze the memory of this, the first aerial conquest of the "roof of the world." This monument we plan to erect marking the approximate spot at which the now famous Ant 25 came to rest at the end of her historic flight.

Rasmussen letter copy

Moscow-To-Vancouver - 2

It is of interest to note here that the Ant's wheel's first touched ground already hallowed by history. She came to rest within a stone's throw of the first seat of civilization in the Northwestern part of the United States, within sight of the birthplace of water, land and aerial transportation in the Great Northwest.

On the banks of the Columbia river at Vancouver the first schooner in the Northwest was built, the first steamboat was launched, and the first airplane was flown.

From the U.S.S.R. we ask a few words to be inscribed on the monument recording the significance of the flight for the eyes of posterity to read and remember. This commemoration, preferably in English, might take the form of a bronze tablet or engraving, as your government desires.

When the designs for the monument have been completed copies will be forwarded to the U.S.S.R. Meantime the committee would appreciate an expression of the extent of the cooperation the citizens of Vancouver and the state of Washington may expect from the U.S.S.R. in the dedication of the monument.

We invite the participation of a representative of the US.S.R. in the dedication ceremonies. Perhaps by that time Soviet aviators will be flying t ransport planes over the pole on a commercial airline. The citizens of Vancouver and the state of Washington invite you to make this the terminal for the first such flight over the "roof of the world" with passengers and freight.

We do not need to tell you that our air field is free of fog when all others are hidden, that our sod-covered field is long enough and large enough to provide a safe landing, that the U. S. Army garrison stands ready to aid and protect your aviators and airplanes, and that the people of Vancouver and the state of Washington will welcome you warmly, as they welcomed "The Land of the Soviets" in October, 1929, and "The Itinerary of Stalin" in June, 1937.

The committee will await your answer before proceed-ing further.

Most respectfully yours,

. . . .

Chairman, Moscow-To-Vancouver Committee

ЧКАЛОВСКИЙ КОМИТЕТ ТРАНСПОЛЯРНОГО ПЕРЕЛЕТА

образован в 1937, возрожден в 1974, инкорпорирован в 2012

20 июня 1937 года экипаж В.П. Чкалова приземлился в городе Ванкувер, штат Вашингтон, завершив свой исторический беспосадочный 63-часовой перелет из Москвы через Северный полюс в Северную Америку.

26 июля 1937 года **Комитет Москва – Ванкувер** (председатель –господин Рассмуссен, секретарь – господин Рой С. Сугг) направил письмо Народному Комиссару по иностранным делам СССР Максиму Максимовичу Литвинову**, в котором, в частности писали:

«...Для того, чтобы воздать должное СССР за эту победу, осуществление этого полёта, жители Ванкувера предлагают соорудить памятник в нетленном камне и бронзе, чтобы увековечить и сохранить память об этом первом воздушном завоевании крыши мира. Мы планируем соорудить этот памятник приблизительно в том месте, где ныне знаменитый "АНТ-25" был поставлен на стоянку после своего исторического перелёта...»

К сожалению, тогда этого не удалось сделать.

20 мая 1974 года **Чкаловский Мемориальный Комитет Трансполярного Перелета** был организован в Ванкувере. Его первоначальными членами были: Петр Белов*, Ричард Баун*, Алан Л. Коул, Чарльз Каннингхэм, Джонни Грекко,

Фред Нет, Кен Путткамер, Норман Смол, Ллойд Стром-грен и Томас Тэйлор (* - со-основатели).

Главным достижением этого Комитета стало сооружение в городе Ванкувере Чкаловского монумента, торжественно открытого 20 июня 1975 года. Девяносто семь местных компаний предоставили деньги, материалы, рабочую силу для возведения монумента. В 1996 году монумент был перенесен на его нынешнее место – рядом с авиационным музеем на Пирсон Филд.

18 ноября 1999 года Джесс В. Фрост зарегистрировал **Комитет культурного обмена имени В.П. Чкалова** и получил установленные законом налоговые льготы.

1 ноября 2002 года Сэнди Коул, Дик Баун и Алан Л. Коул вышли из состава Комитета культурного обмена и восстановили деятельность Комитета Чкаловского Трансполярного Перелета.

10 июня 2012 года (год 75-летия исторического перелета В.П.Чкалова) **Комитет Чкаловского Трансполярного Перелета** был зарегистрирован властями штата Вашингтон в качестве некоммерческой бесприбыльной корпорации. Миссия Комитета – сохранять совместное Российско-Американское наследие и распространять знания о первом беспосадочном трансполярном перелете, совершенном экипажем Чкалова в 1937 году, а также об истории авиации в целом.

Президент Чкаловского Комитета Трансполярного Перелета Дэвид Х. Дюма

Монумент Чкалову в Ванкувере

18th of June 2012 is the 75th anniversary of the beginning of the heroic non-stop flight from Moscow over the North Pole to the U.S. city of Vancouver, WA. This historic achievement committed pilots Valery Chkalov, Georgy Bajdukov and navigator Alexander Belyakov.

This material is provided courtesy of the family V.P.Chkalov. Same text, in Russian, the family passed for publication in 2012 to the newspaper "Tshelkovchanka" (a small town in Moscow Region).

The first conquest of the "Roof of the World"

In 1914, a Russian naval aviator, Lieutenant of the Admiralty Ian I. Nagursky first raised the airplane in the sky in the Arctic. It was a seaplane "Maurice Farman". Nagursky made five flights off the coast of Novaya Zemlya, stayed in the air for 11 hours and once went away from the land for a hundred miles.

Later he wrote:

"Past expeditions, aiming to pass the North Pole, were all unsuccessful, poorly accounted for the strength and energy of a man with thousand miles distance that must be overcome obstacles and complete the most difficult conditions. Aviation as a tremendously fast way to travel is the only way to address this task. "

The idea of the conquest of the North Pole and the research impregnable Arctic owned minds of humanity for centuries, and, of course, was right lieutenant Nagursky that the last word belongs to the aircraft, which is rapidly developed in the twenties – thirties of the 20-th century.

Our country has made efforts, tremendous in its aims and the international importance, to learn and conquest the North Pole and the unexplored Arctic.

May 21, 1937 at the North Pole aircrafts, piloted by the Hero of the Soviet Union Mikhail Vodop'yanov, Hero of the Soviet Union V.S. Molokov, A.D. Alekseev and I.P. Mazuruk, marooned on a drifting ice floe first polar scientific expedition. It consisted of the chief, I.D. Papanin, radioman E.T. Krenkel, a geophysicist, meteorologist E.K. Fedorov, hydrobiologist P.P. Shirshov. The idea of the first research expedition "North Pole-1" belonged to a prominent scientist-polar explorer Otto Schmidt, who led its organization and preparation.

O. Schmidt first descended to the drifting ice floe off the Vodopiyanov's plane.

***

On June 18, 1937, the plane "ANT-25", designed and built by General Constructor A. N. Tupolev, climbed into the sky. The crew, consisted of the commander - the Hero of the Soviet Union V.P. Chkalov, co-pilot - the Hero of the Soviet Union G.F. Baydukov, navigator - the Hero of the Soviet Union A.V. Belyakov, was tasked with the first non-stop flight over the North Pole and to lay a new shortest air route between the Soviet Union and North America.

July 12, the next crew of the Soviet pilots consisting of the commander - the Hero of the Soviet Union M.M.Gromov, copilot A.B. Yumashev, navigator S.A. Danilin started from Schelkovsky airfield with the task to set a world record for distance in a straight line, flying over the North Pole to America.

Despite the enormous difficulties encountered by the participants in these events, all the ambitious events were successful. The whole world saw the strength and power of our aircraft. Today we will focus in more detail on Chkalov's crew flight.

***

18 June 1937 started a nonstop flight from Moscow over the North Pole to America. The crew of the aircraft, "ANT-25 number 2", approved on June eighth by the resolution of the Politburo, consisting of the commander V.P. Chkalov, co-pilot G.F. Baidukov and navigator A.V. Belyakov, started from Schelkovsky airfield at 4:05 am and on 20-th of June - after 63 hours and 16 minutes - landed in Vancouver, Washington, USA.

The crew has successfully fulfilled its pioneering challenging task.

Three Heroes of the Soviet Union – Chkalov, Bajdukov, and Belyakov - first paved a new air route over the North Pole and connected the two continents - Europe and North America – by the shortest path.

Soviet ambassador to America, A.A. Troyanovskiy on 20th of June - the day of landing of «ANT-25» on American soil - sent I.V. Stalin and V.M. Molotov the telegram:

«The historic flight is completed. Chkalov, Bajdukov and Belyakov descended into the United States near Portland in

Vancouver (WA). Heroes of the Soviet Union became the world's heroes. The Soviet Aviation has shown what it can do ...»

***

Were there any difficulties during the flight? In his article, published in the newspaper «Pravda» on July 26, 1937, V.P. Chkalov answered this question as follows:

«The flight from Moscow over the North Pole to America was a big challenge for the Soviet pilots, and for the Soviet aircraft. The difficulty of the flight was mainly in the fact that we did not know the track. We first had to fly from pole to American shores and beyond over Canada. Therefore, we carefully prepared for transpolar flight, trying to account for all possible obstacles ...

First of all for us was unexpected height of Arctic clouds. The data we has at our disposal, allowed us to assume the height of the clouds in the 3 - 3.5 km range. Meanwhile the clouds went far above. Gradually gaining altitude, we reached 5,000 meters, but still clouds kept hanging above us. At an altitude of 6000 meters picture has not changed. As we gained altitude 6100 meters, the clouds were still above us. We were unable to rise higher: the plane already spent a lot of gas to get out of the clouds.

With our supply of fuel «NO-25» («ANT-25.» - Authors) could fly 13,000 kilometers, and we flew much less. Where does the energy of the aircraft dissapeared? First of all, it has used to fight the clouds and by-passing cyclones.

Already, over the Barents Sea, we had to bypass the first cyclone.

The second cyclone we met at the Franz Josef Land. His detour «ate» 700 kilometers. To bypass four cyclones, we had to fly extra 3 thousand kilometers. Considerable figure! Suffice to say that if «NO-25» flew from Portland 700 more kilometers, the world distance record in a straight line would have been beaten by us.

Aircraft icing caused us a lot of worries. We had to either bypass the clouds, where the plane was covered with a thin layer of ice, or rise above the clouds. And yet our «NO-25» for over 15 hours was carrying on its wings layer of ice, overloading the machine.

The issue of forced landing disappeared: landing was impossible for the simple reason that we had no place to land. Should we make an emergency landing in northern Canada, it would be impossible to track us down.

Another difficulty accompanied us in flight: the lack of enough oxygen. At high altitude, it is known to be impossible to fly without oxygen. We have used oxygen only for 10 hours because the oxygen we had was not enough of it. For this regard, within 63 hours we did not eat anything. We were unable to force ourselves to eat fruits, vegetables, sandwiches, and canned goods that were in the plane.

To all this we must add that «NO-25» survived many hours of arctic storms.

Despite all the difficulties experienced by by us, we can now say with confidence that soon the path from the Soviet Union to the United States via the North Pole may become regular airborne route. Flight of Hero of the Soviet Union Gromov and Comrades Yumashev and Danilin reiterated this possibility.

During our stay in America, everyone treated us as a supernatural phenomenon. It took a lot of effort to convince Americans that there are many other pilots and navigators , like us, in the Soviet Union. Americans were surprised with the assertion that many Soviet pilots could fly to America over the North Pole, ...

Now, when our flight is ended and we are on our way to our beloved homeland , I want to say once again: it is great fortune to be a Soviet pilot! We had the high honor of being the pioneers of the great transpolar way ... «

***

Chkalov omitted to mention in this article that the fight against the third cyclone over the islands of Melville was accompanied by a catastrophic situation: they run out of de-icing liquid for the propeller, aircraft started to vibrate, there was no water in the cooling system of the motor. The temperature in the cockpit was minus nine degrees Celsius. All the water in the cockpit froze. In the cooling system of the motor had to pour «a hell of a» mixture of tea, remains of unfrozen water, fluid from the balloons, which doctors asked to collect for analysis. Chkalov assessed the situation this way:

«In the tough, hard fight with cyclone we've lost a lot of time, a lot of fuel and even more of physical strength , but we 're going first. History will not judge us.»

***

In the newspaper «Soviet Air Force», dated June 20, 1957 G.F. Bajdukov wrote:

«After analyzing the materials of flight, our crew immediately sent to the flight headquarters in Moscow our ideas for improvement and tuning of aircraft, engine, instruments and equipment. It was very important because the Soviet government considered the main task of our exploration, research of new ways, to study the properties of aircraft in flight conditions in the Arctic. Next to us the crew of «ANT-25» («ANT-25 number 1.» - Authors) with the Comrades Gromov, Yumashev and Danilin was preparing to fly the same route.

Taking into account our experience and advice, the crew of M.M. Gromov reduced the composition of items of equipment. This has increased the fuel capacity of about 500 kilometers, to take three times more oxygen and de-icing fluid for the propeller.»

***

How the crew managed to overcome all the difficulties?

In his article «The Great Russian people» published in the newspaper «Izvestia» in 1938, V.P. Chkalov wrote:

«The feeling of closest unbreakable connection with the beloved Motherland has never left me. During the flights, the knowledge that with us now are all the people, that he is watching with great sympathy for our itinerary - this consciousness always gave me and my companions unshakable confidence: the job, relied on us by the party and government will be done! ..

This belief has guided us through the clouds, fogs and cyclones with this belief we were not afraid of any difficulties and it always led us straight to the goal.»

***

Americans with jubilation welcomed our pioneers. Political, business and academic world in America, and around the world, praised the significance of this flight.

Twentieth June 1937, on Sunday, when the whole political life in the United States dies, President Franklin Roosevelt welcomed Soviet pilots by telegram directed to Soviet Ambassador A. Troyanovskiy:

«With great pleasure I found out about the successful completion of the first non-stop flight from the Union of Soviet Socialist Republics to the the United States. The skill and courage of the three Soviet pilots who brilliantly carried out this historic feat, deserve the greatest praise. Please give them my warmest congratulations.»

The famous French aviator Captain Rossi said:

«I pay tribute to the crew. His flight proves that people entering the crew of the aircraft, have not only elevated sense of duty, but also the amazing courage. I believe that this is a flight to the Soviet Union's victory, which is a credit to not only the crew, but also the workers who built the plane. I admire the three Soviet pilots and wish them good luck from my heart in their future missions.»

The English newspaper «Daily Telegraph» wrote:

«Flight, which is over 5,000 miles non-stop from Moscow through the North Pole to the shores of the Pacific Ocean - a brilliant deal, impossible for anyone except people with an amazing flying skills and great courage. Three pilots of the Soviet Union who have completed this flight, are becoming the first of the largest series of pilots of the postwar period ...»

Renowned scientist, explorer of the Arctic, the president of the Explorers Club Vilhjalmur Stefansson telegraphed to A.A. Troyanovskiy:

«On behalf of the members and the Presidium of the Explorers Club have the honor to congratulate the greatest feat in the history of aviation and history of Arctic exploration. Researchers all over the world revere Chkalov, Baidukov and Belyakov, as well as in front of your government for the wise, the consistent support that they have for several years been provided to the exploration in the Arctic.»

It was the first conquest of the roof of the world. They were pioneers conquered the uncharted expanses of the Arctic and lay a new air route over the North Pole to America.

***

At a reception in honor of Chkalov, hosted by the Explorers Club and the Russian-American Institute on June 30, 1937 in New York City at the «Waldorf - Astoria», Soviet pilots were offered to sign on a large globe on which was laid the track of their flight.

This globe (The American Geographic Society Fliers' and Explorers' Globe) was famous because it already had signatures of famous personalities:

- Roald Amundsen, the first in 1911 reached the South Pole;

- Fridtjof Nansen a member of the Nobel Arctic expedition in 1893 – 1896;

- Charles A. Lindbergh the first in 1927 in an airplane has crossed the Atlantic ocean;

- Vilhjalmur Stefansson, who headed the polar Anglo-American expedition in 1906-1907 and the Canadian Arctic expedition in 1913-1917 years;

- Richard E. Byrd, first flying to the North Pole in 1926 and to the South Pole in 1929;

- Amelia Earhart, the first woman a passenger has flown across the Atlantic in 1928 and who made herself a similar flight in 1932 , and many other researchers.

Honor to sign on this globe has been provided to Soviet pilots. V.P. Chkalov has signed at the North Pole, A. Belyakov - signed along their route.

John Finley, president of the American Geographical Society, speaking at the reception for our pilots, said: «Gentlemen, on behalf of the American Geographical Society cordially congratulate you! From now on, you are all members of our Society.»

***

But that was only the beginning of the Arctic and the North Pole exploration by Soviet pilots . On the 12th of July a second crew of M.M. Gromov, A.B. Yumashev and navigator S.A. Danilin took off from the Schelkovsky airfield, heading to the North Pole and then to America. The task assigned to this crew was extremely difficult: to set a distance record in a straight line in the most difficult flying conditions over the uncharted expanses of the Arctic. The crew excelled in coping with the difficult task. Pilots flew through the path 10 148 kilometers in 62 hours and 17 minutes, setting a world record for distance, which is forever listed in the table of records of the International Aeronautical Federation. Three Heroes were awarded with the International Medal of de Lavaux .

Summing up the flights of Chkalov and Gromov, Stefansson said:

«For two thousand years mankind has believed that the Earth is spherical, but have been reported as if the earth had a cylindrical shape. Soviet pilots proved that the Earth has a spherical shape, not only from east to west, but also from the north to the south. Transpolar flights show that we live in an era of profound change in human beliefs ... On the monument, which will be set up for them by mankind, to be carved the words: "Until they land, the lines of communication on Earth seemed cylindrical. They truly have turned it into a ball.»

***

Probably about our Soviet pilots great Russian scientist Mikhail Lomonosov said in the middle of the eighteenth century these prophetic words:

Columbuses Russian, despite the gloomy rock,

Between the ice of a new road be opened to the east.

And our power will reach to America.

It was a triumph of Soviet aviation.

***

In 1937, In Vancouver, WA, "The Moscow-To-Vancouver" Committee was formed, chaired by Mr. Henry Rasmussen, for the construction of the monument on the site of a «ANT-25» plane landed. From the Governor of Washington State Mr. Clarence Martin, Mayor of Vancouver Mr. John Kiggins, Messrs. Thompson, Campbell and Richards were sent letters to the USSR People's Commissar for Foreign Affairs Mr. M.M. Litvinov expressing the desire to create a monument.

Henry Rasmussen wrote:

«... To pay the U.S.S.R the honor which she has won by this flight the citizens of Vancouver propose to erect a monument to commemorate and preserve in everlasting stone and bronze the memory of this, the first aerial conquest of the "roof of the world". This monument we plan to erect marking the approximate spot at which now famous Ant 25 came to rest at the end of her historic flight...»

***

But life – and especially the Second World War – long discarded wishes of Vancouverites: the monument was erected only in 1975.

In 1974, in Vancouver was created Transpolar Chkalov Committee, who supervised construction of this monument.

The opening ceremony the monument was attended by G.F. Bajdukov, A.V. Belyakov and the son of V.P. Chkalov - Igor V. Chkalov.

By this act of friendship was entered another chapter in the remarkable history of the city of Vancouver, which, in his letter in 1937 Henry Rasmussen described like this:

«... It is of interest to not that Ant's wheel's first touched ground already hallowed by history. She came to rest within a stone's throw of the first seat of civilization in the Northwestern part of the United States, within sight of the birthplace of water, land and aerial transportation in the Great Northwest. On the banks of the Columbia River at Vancouver, the first schooner in the Northwest was built, the first steamboat was launched and the first airplane was flown ...»

In 1975, Vancouver's history has been immortalized for posterity by another page: the memory of the legendary non-stop flight of Soviet pilots Chkalov, Baydukov and Belyakov from Moscow through the North Pole to America, committed June 18-20, 1937. Until now, there is an organization in Vancouver called now the Committee for Cultural Exchange named after Valery Chkalov, whose members annually on the day of landing at Pearson Field on June 20 lay flowers at the monument. For many decades, it remains a good tradition to celebrate the anniversary every five years in the United States and Russia.

***

In the fifties of last century, the famous polar pilot, Hero of the Soviet Union Mikhail Vodopianov wrote a book about V.P. Chkalov, which was illustrated by the famous test pilot and artist K. Artseulov - the grandson of I.K. Aivazovsky. At the time, he created a remarkable portrait of Chkalov. This book has the drawing of Artseulov where members of the Chkalov's crew signing the globe. This figure stirred our imagination, arousing a desire to find this globe. Family of V.P. Chkalov during the celebration of anniversaries in the United States was inquiring about the fate of this legendary globe. But his tracks were lost.

There is a lovely Russian proverb: the one who seeks will always find. And in the period of preparation for the celebration of the 75th anniversary of the flight, we were actively engaged in search of the globe, assigning this difficult task to Chkalov grandson – Valery Igorevich Chkalov. His efforts, our great desire to find the globe - all played a positive role: the Globe was found.

Introduction to the president of the American Geographical Society Gerry Dobson that caused further friendships, allowed Valery Igorevich agree on the rights of making a copy of this unique globe that has historical significance for Russia, which for decades has carried out research and has made an invaluable contribution to the study and exploration of the North Pole and inaccessible Arctic.

And then it was all like a dream. Thanks to State Duma deputy Dr Mikhail Viktorovich Slipenchuk who perfectly understood the significance of this unique exhibit for the history of our country and committed to making replicas, so the legendary Globe of Fliers and Explorers was brought into Russia by the American Geographical Society, and with him were taken replica-globes.

***

Unique American Globe, which never left the United States, was first taken to Russia.

Why are we worthy of such an honor? Probably because flight routes of American astronauts has also been placed on it, and we, the country, the first in the world to send a man – Yuri Gagarin – into space, had every right to sign this globe and not only with the signature of Chkalov and Belyakov, but and our astronauts too.

On April 10, 2012 at the traditional meeting of the Board of Trustees of the Russian Geographical Society in St. Petersburg, in the presence of the President of the Russian Geographical Society Sergei Shoigu and the president of the American Geographical Society J. Dobson, took place a ceremonial signing of the globe by the first female cosmonaut Valentina Tereshkova and the first astronaut to walk in outer space, Aleksey Leonov.

Let us hope that this will not be the last Russian signature on that globe - the American legend .

Valeriya Valerievna Chkalova
Olga Valerievna Chkalova
Valery Igorevich Chkalov

К празднованию 75-летия перелета экипажа В.П. Чкалова через Северный полюс в Америку.

Восемнадцатого июня 2012г. исполнилось 75 лет со дня начала героического беспосадочного перелёта из Москвы через Северный полюс в американский город Ванкувер. Этот исторический подвиг совершили пилоты Валерий Павлович ЧКАЛОВ, Георгий Филиппович БАЙДУКОВ и навигатор Александр Васильевич БЕЛЯКОВ.

Этот материал Комитету Трансполярного Перелета любезно предоставила семья В. П. Чкалова, такой же материал для публикации в России семья передала подмосковной газете «Щелковчанка».

Первое завоевание «крыши мира»

В 1914 году российский морской лётчик, поручик по Адмиралтейству Ян Иосифович Нагурский впервые поднял самолёт в небо Арктики. Это был гидросамолёт «Морис Фарман». Нагурский совершил пять полётов около берегов Новой Земли, пробыл в воздухе 11 часов и однажды удалился от суши на сто километров. Позднее он написал:

«Прошлые экспедиции, стремящиеся пройти Северный полюс, все неудачны, ибо плохо учитывались силы и энергия человека с тысячевёрстым расстоянием, которое нужно преодолеть, полным преград и самых тяжёлых условий. Авиация как колоссально быстрый способ передвижения есть единственный способ для разрешения этой задачи».

Мысль о покорении Северного полюса и исследовании неприступной Арктики владела умами человечества много веков; и, конечно, прав был поручик Нагурский, что последнее слово остаётся за авиацией, которая стремительно развивалась в двадцатые – тридцатые годы.

***

Наша страна предприняла грандиозные по своим задачам и международной значимости мероприятия в освоении и покорении Северного полюса и неизведанной Арктики.

Двадцать первого мая 1937 года в районе Северного полюса самолёты, пилотируемые лётчиками Героем Советского Союза М.В. Водопьяновым, Героем Советского Союза В.С. Молоковым, А.Д. Алексеевым и И.П. Мазуруком, высадили на дрейфующую льдину первую полярную научную экспедицию. В её состав входили руководитель И.Д. Папанин, радист Э.Т. Кренкель, геофизик-метеоролог Е.К. Фёдоров, гидробиолог П.П. Ширшов. Идея первой научно-исследовательской экспедиции «Северный полюс-1» принадлежала выдающемуся учёному-полярнику Отто Юльевичу Шмидту, руководившему её организацией и подготовкой. О.Ю. Шмидт первым сошёл на дрейфующую льдину из самолёта Водопьянова.

***

Восемнадцатого июня на самолёте «АНТ-25» генерального конструктора А.Н. Туполева в небо поднялся экипаж в составе командира Героя Советского Союза В.П. Чкалова, второго пилота Героя Советского Союза Г.Ф. Байдукова, штурмана Героя Советского Союза А.В. Белякова с заданием первыми пролететь над Северным полюсом и проложить новую кратчайшую воздушную трассу, соединяющую СССР и Северную Америку.

Двенадцатого июля следующий экипаж советских лётчиков в составе командира корабля Героя Советского Союза М.М. Громова, второго пилота А.Б. Юмашева, штурмана С.А. Данилина поднялся с Щёлковского аэродрома с заданием установить мировой рекорд дальности по прямой, пролетев через Северный полюс в Америку.

Несмотря на огромные трудности, с которыми встретились участники этих событий, все предпринятые нашей страной грандиозные мероприятия прошли успешно. Силу и мощь нашей авиации увидел весь мир. Сегодня мы остановимся более подробно на перелёте чкаловского экипажа.

**

Восемнадцатого июня 1937 года начался беспосадочный перелёт из Москвы через Северный полюс в Америку. Экипаж самолёта «АНТ-25 № 2», утверждённый восьмого июня постановлением Политбюро, в составе командира корабля В.П. Чкалова, второго пилота Г.Ф. Байдукова и штурмана А.В. Белякова стартовал с Щёлковского аэродрома в 4 часа 5 минут и двадцатого июня – через 63 часа 16 минут – приземлился в городе Ванкувере штата Вашингтон США. Экипаж с успехом выполнил возложенную на него ответственную задачу первопроходца.

Три Героя Советского Союза – Чкалов, Байдуков и Беляков – первыми проложили новую воздушную трассу через Северный полюс и соединили два континента – Евразию и Северную Америку – кратчайшим путём.

Полпред СССР в Америке А.А. Трояновский двадцатого июня – в день посадки самолёта «АНТ-25» на американскую землю – послал И.В. Сталину и В.М. Молотову телеграмму:

«Исторический перелёт завершён. Чкалов, Байдуков и Беляков спустились на территорию Соединённых Штатов около Портланда в Ванкувере (штат Вашингтон). Герои Советского Союза стали мировыми героями. Советская авиация показала, на что она способна...»

***

Были ли трудности в полёте у экипажа? В своей статье, напечатанной в газете «Правда» 26 июля 1937 года, В.П. Чкалов ответил на этот вопрос так: «Полёт из Москвы через Северный полюс в Америку был большим испытанием и для советских лётчиков, и для советского самолёта. Трудность полёта заключалась главным образом в том, что мы не знали трассы. Нам первым пришлось пролететь от полюса к американским берегам и далее над Канадой. Поэтому мы тщательно готовились к трансполярному перелёту, стараясь учесть все возможные препятствия...

Прежде всего для нас явилась неожиданной высота арктических облаков. Данные, которыми мы располагали, позволяли нам предполагать высоту облаков в 3 – 3,5 километра. Между тем облачность простиралась гораздо выше. Постепенно набирая высоту, мы достигли 5 тысяч метров, но над нами ещё продолжали висеть облака. На высоте 6 тысяч метров картина не изменилась. Когда мы набрали высоту 6100 метров, облака всё ещё были выше нас. Выше мы подниматься уже не могли: самолёт и так потратил много бензина, чтобы выбраться из облаков.

С нашим запасом горючего "NO-25" ("АНТ-25". – Авторы) мог бы пролететь 13 тысяч километров, а пролетели мы значительно меньше. Куда же девалась энергия самолёта? Прежде всего она ушла на борьбу с облачностью и на обход циклонов.

Уже над Баренцевым морем нам пришлось обходить циклон. Второй циклон мы встретили у Земли Франца-Иосифа. Его обход "съел" у нас 700 километров. Чтобы обойти четыре циклона, нам пришлось пролететь лишних около 3 тысяч километров. Цифра немалая! Достаточно сказать, что если бы "NO-25" пролетел от Портланда ещё 700 километров, мировой рекорд дальности полёта по прямой был бы нами побит.

Много забот причинило нам обледенение самолёта. Нам приходилось либо обходить облака, где самолёт покрывался тонким слоем льда, либо подниматься выше облаков. И всё же наш "NO-25" на протяжении более 15 часов нёс на своих крыльях слой льда, перегружавший машину.

Вопрос о вынужденной посадке отпадал: посадка была немыслима уже потому, что нам некуда было садиться. Если бы мы совершили вынужденную посадку в Северной Канаде, нас невозможно было бы разыскать.

Ещё одна трудность сопутствовала нам в полёте: отсутствие достаточного количества кислорода. На большой высоте, в разреженной атмосфере, как известно, без кислорода лететь невозможно. Мы пользовались кислородом только в течение 10 часов, потому что кислорода у нас было мало. В связи с этим в течение 63 часов мы ничего не ели. Фрукты, овощи, бутерброды и консервы, находившиеся в самолёте, совершенно нас не прельщали.

Ко всему этому надо добавить, что "NO-25" выдержал многочасовые арктические штормы.

Несмотря на все трудности, испытанные нами, теперь можно с уверенностью сказать, что в скором времени путь из СССР в Америку через Северный полюс может стать воздушным путём регулярного сообщения. Полёт Героя Советского Союза т. Громова и т.т. Юмашева и Данилина ещё раз подтвердил эту возможность.

Во время нашего пребывания в Америке все относились к нам как к явлению сверхъестественному. Пришлось потратить немало сил, чтобы убедить американцев в том, что в Советском Союзе таких лётчиков и штурманов, как мы, много. Американцев поражало наше утверждение, что через Северный полюс могут перелететь в Америку многие советские лётчики...

Сейчас, когда наш трудный перелёт позади и мы находимся на пути к нашей счастливой Родине, хочется ещё раз сказать: большое счастье быть советским лётчиком! Нам выпала высокая честь стать пионерами великого трансполярного пути...»

***

Чкалов не написал в этой статье, что борьба с третьим циклоном над островами Мельвилла сопровождалась катастрофической ситуацией: кончилась антиобледенительная жидкость для винта, началась угрожающая вибрация самолёта, замёрз трубопровод, воды в системе охлаждения мотора не было. Температура в кабине самолёта была минус девять градусов Цельсия. Вся вода в кабине самолёта замёрзла. В систему охлаждения мотора пришлось наливать «адскую» смесь из чая, остатков незамёрзшей воды, жидкости из шаров-пилотов, приготовленной врачам для анализов. Чкалов оценил эту ситуацию так: «В упорной, напряжённой борьбе с циклонами потеряно много времени, много горючего и ещё больше физических сил, но мы летим первыми. История нас не осудит».

***

В газете «Советская авиация» от 20 июня 1957 года Г.Ф. Байдуков написал: «Проанализировав материалы полёта, наш экипаж немедленно направил в Москву в штаб перелёта свои соображения по улучшению и доработкам самолёта, мотора, приборов и снаряжения. Это было очень важно, поскольку Советское правительство считало главной нашей задачей разведку, исследование нового пути, изучение свойств самолёта в условиях полёта в Арктике. За нами готовился в такой же путь экипаж "АНТ-25" ("АНТ-25 № 1". – Авторы) в составе т.т. Громова, Юмашева и Данилина.

Учитывая наш опыт и советы, экипаж М.М. Громова сократил состав предметов снаряжения. Это позволило увеличить запас горючего примерно на 500 км пути, взять втрое больше кислорода и антиобледенительной жидкости для воздушного винта».

***

Почему экипажу удалось преодолеть все трудности?

В статье «Великий русский народ», напечатанной в газете «Известия» в 1938 году, В.П. Чкалов писал:

«Чувство неразрывной связи с любимой Отчизной никогда не покидало меня. Во время полётов сознание того, что вместе с нами сейчас весь народ, что он с огромным сочувствием следит за нашим маршрутом, – это сознание придавало всегда мне и моим спутникам непоколебимую уверенность: задание партии и правительства будет выполнено!..

Эта вера вела нас сквозь облака, туманы и циклоны, с нею не страшны были нам никакие трудности, и она приводила нас всегда прямо к цели».

***

Американцы с ликованием приветствовали наших первопроходцев. Политический, деловой и научный мир Америки, да и всего мира высоко оценил значение этого перелёта.

Двадцатого июня 1937 года в воскресный день, когда вся политическая жизнь в США замирает, президент Франклин Рузвельт приветствовал советских лётчиков телеграммой, направленной полпреду СССР А.А. Трояновскому:

«С большим удовольствием я узнал об успешном завершении первого безостановочного перелёта из Союза Советских Социалистических Республик в Соединённые Штаты. Мастерство и отвага трёх советских лётчиков, блестяще осуществивших этот исторический подвиг, заслуживают величайшей похвалы. Пожалуйста, передайте им мои горячие поздравления».

Известный французский лётчик капитан Росси сказал:

«Я воздаю должное экипажу. Его полёт доказывает, что у людей, входящих в экипаж самолёта, есть не только возвышенное чувство долга, но и удивительная смелость. Я полагаю, что этот перелёт является для Советского Союза победой, которая делает честь не только экипажу, но и рабочим, построившим самолёт. Я восхищаюсь тремя советскими лётчиками и желаю им от всего сердца удачи в их будущих полётах».

Английская газета «Дейли телеграф» писала:

«Полёт протяжённостью свыше 5 тысяч миль без посадки из Москвы через Северный полюс к берегам Тихого океана – блестящее дело, невозможное ни для кого, кроме людей, обладающих изумительным лётным мастерством и большой храбростью. Три лётчика Советского Союза, выполнившие этот перелёт, становятся в первый ряд крупнейших лётчиков послевоенного периода...»

Известный учёный, исследователь Арктики, президент Клуба исследователей Вильялмур Стефансон телеграфировал нашему полпреду А.А. Трояновскому:

«От имени членов и президиума Клуба исследователей имею честь поздравить с величайшим подвигом в истории авиации и в истории исследования Арктики. Исследователи всего мира преклоняются перед Чкаловым, Байдуковым и Беляковым, а также перед Вашим правительством за мудрую, последовательную поддержку, которая ими на протяжении ряда лет была оказана делу исследования Арктики».

Это было первое завоевание крыши мира. Они были первопроходцами, покорившими неизведанные просторы Арктики и проложившими новую воздушную трассу через Северный полюс в Америку.

***

На приёме в честь экипажа Чкалова, устроенном Клубом исследователей и Русско-американским институтом 30 июня 1937 года в Нью-Йорке в отеле «Уолдорф – Астория», советским лётчикам было предложено расписаться на большом глобусе, на котором была проложена трасса их перелёта.

Этот глобус был знаменит тем, что на нём уже имелись подписи знаменитых исследователей: Рауля Амудсена, в 1911 году первым достигшего Южного полюса; Фритьофа Нансена, участника арктической экспедиции Нобеля в 1893 – 1896 годах; Чарльза Линдберга, в 1927 году первым на аэроплане перелетевшего Атлантический океан; Вильялмура Стефансона, возглавлявшего полярную англо-американскую экспедицию в 1906 – 1907 годах и канадскую арктическую экспедицию в 1913 – 1917 годах; Ричарда Берда, первого летавшего на Северный полюс в 1926 году и Южный полюс в 1929 году; Амилии Эрхард, первой женщины, перелетевшей пассажиркой через Атлантический океан в 1928 году и совершившей самостоятельный аналогичный перелёт в 1932 году; и многих других исследователей.

Честь расписаться на этом глобусе была предоставлена и советским лётчикам. В.П. Чкалов расписался на Северном полюсе, А.В. Беляков – вдоль проложенного их маршрута.

Джон Финли, президент Американского Географического Общества, обращаясь на этом приёме к нашим лётчикам, сказал: «Господа, от имени Американского Географического Общества сердечно поздравляю вас! Отныне все вы являетесь членами нашего общества».

***

Но это было только началом освоения Арктики и Северного полюса советскими лётчиками. Двенадцатого июля второй экипаж в составе М.М. Громова, А.Б. Юмашева и штурмана С.А. Данилина взлетел с Щёлковского аэродрома, взяв курс на Северный полюс и далее на Америку. Задача, поставленная этому экипажу, была чрезвычайно сложна: установить рекорд дальности по прямой в тяжелейших условиях полёта над неизведанными просторами Арктики. Экипаж превосходно справился с труднейшим заданием. Пилоты пролетели по зачётному пути 10 148 километров за 62 часа 17 минут, установив мировой рекорд дальности, который навсегда занесён в таблицу рекордов Международной Авиационной Федерации. Три Героя были награждены Международной медалью де-Лаво.

Подводя итоги перелётам экипажей Чкалова и Громова, Стефансон сказал:

«Две тысячи лет человечество считало, что Земля шарообразна, но поступало так, как будто Земля имела цилиндрическую форму. Советские лётчики доказали, что Земля имеет шарообразную форму не только с востока на запад, но и с севера на юг. Трансполярные перелёты показывают, что мы живём в эпоху глубочайших изменений в человеческих представлениях... На памятнике, который воздвигнет им человечество, должны быть высечены слова: До них Земля по своим путям сообщения казалась цилиндрической. Они воистину превратили её в шар».

***

Не о наших ли советских лётчиках великий русский учёный Михаил Васильевич Ломоносов сказал в середине XVIII века такие пророческие слова:

Коломбы росские, презрев угрюмый рок,

Меж льдами новый путь отворят на Восток.

И наша досягнёт в Америку держава.

Это был триумф советской авиации.

***

В 1937 году в Ванкувере был образован Комитет Москва – Ванкувер под председательством господина Генри Расмуссена для сооружения памятника на месте посадки самолёта «АНТ-25» экипажа Героев Советского Союза Чкалова,

Байдукова и Белякова. От губернатора штата Вашингтон господина Кларенса Мартина, мэра Ванкувера господина Джона Киггинса, господ Томпсона, Кемпбелла и Ричардса были посланы письма наркому иностранных дел М.М. Литвинову о желании создать памятник.

Генри Расмуссен писал:

«...Для того, чтобы воздать должное СССР за эту победу, осуществление этого полёта, жители Ванкувера предлагают соорудить памятник в нетленном камне и бронзе, чтобы увековечить и сохранить память об этом первом воздушном завоевании крыши мира. Мы планируем соорудить этот памятник приблизительно в том месте, где ныне знаменитый "АНТ-25" был поставлен на стоянку после своего исторического перелёта...»

***

Но жизнь – и в особенности вторая мировая война – надолго отбросила пожелания ванкуверцев: памятник был воздвигнут только в 1975 году. В 1974 году в Ванкувере был создан Трансполярный Чкаловский комитет, который и руководил сооружением этого памятника.

На открытии памятника присутствовали Г.Ф. Байдуков, А.В. Беляков и сын В.П. Чкалова – Игорь Валерьевич Чкалов.

Этим актом дружбы была вписана ещё одна страница в замечательную историю города Ванкувера, о которой в своём письме в 1937 году Генри Расмуссен написал так:

«...Колёса “АНТ-25” впервые коснулись земли, уже почитаемой историей. Самолёт был поставлен на стоянку в двух шагах от того места, где возникла цивилизация северо-западной части США и совсем близко от рождения водного и наземного транспорта Великого Северо-Запада. На берегах реки Колумбии в Ванкувере была построена первая шхуна Северо-Запада, был запущен первый пароход и взлетел первый самолёт...»

В 1975 году в истории Ванкувера была увековечена для потомков ещё одна страница: память о легендарном беспосадочном перелёте советских лётчиков Чкалова, Байдукова и Белякова из Москвы через Северный полюс в Америку, совершённом 18 – 20 июня 1937 года. До сих пор в Ванкувере существует организация, называемая сейчас Комитетом по культурному обмену имени Валерия П. Чкалова, члены которого ежегодно в день посадки самолёта 20 июня на аэродроме Пирсон Филд кладут к подножию памятника цветы. На протяжении многих десятилетий сохраняется добрая традиция отмечать каждое юбилейное пятилетие в США и в России.

***

В пятидесятых годах известный полярный лётчик Герой Советского Союза М.В. Водопьянов написал книгу о В.П. Чкалове, которую иллюстрировал известный лётчик-испытатель и художник К.К. Арцеулов – внук И.К. Айвазовского. В своё время он создал замечательный портрет Чкалова. В этой книге был рисунок Арцеулова, на котором члены чкаловского экипажа расписываются на глобусе. Этот рисунок будоражил наше воображение, возбуждая желание разыскать этот глобус.

Семья В.П. Чкалова в дни празднования юбилейных дат в США интересовалась у членов Американского Чкаловского Комитета о судьбе этого легендарного глобуса. Но его следы были утеряны.

Есть прекрасная русская пословица: кто ищет, тот всегда найдёт. И вот в период подготовки к празднованию 75-летия перелёта мы активно занялись поиском глобуса, поручив это сложное задание сыну Игоря Валерьевича Чкалова – Валерию Игоревичу Чкалову. Его старания, наше огромное желание найти глобус – всё это сыграло свою положительную роль: глобус был найден.

Знакомство с президентом Американского Географического Общества Джерэни Добсоном и возникшие дружеские отношения позволили Валерию Игоревичу договориться о правах на изготовление копии этого уникального глобуса, имеющего историческую значимость для России, которая на протяжении многих десятилетий проводила научные исследования и внесла неоценимый вклад в изучение и освоение Северного полюса и неприступной Арктики.

А дальше происходило всё как в сказке. Благодаря доктору географических наук, депутату Государственной Думы Михаилу Викторовичу Слипенчуку, который прекрасно понял значимость этого уникального экспоната для истории нашей страны и выделил для изготовления реплик деньги, в Россию был привезён легендарный глобус лётчиков и исследователей Американского Географического Общества, а вместе с ним были доставлены и реплики глобуса.

***

Американский уникальный глобус, никогда не покидавший США, впервые был вывезен в Россию.

Почему мы удостоились такой чести? Наверное, потому, что к настоящему времени на нём также были нанесены маршруты полётов американских космонавтов; и мы, страна, первая в мире пославшая человека – Юрия Гагарина – в космос, имели полное право начертать на этом глобусе не только подписи Чкалова и Белякова, но и наших космонавтов тоже.

И вот 10 апреля 2012 года на традиционном заседании Попечительского совета Русского Географического Общества в Санкт-Петербурге, в присутствии президента Русского Географического Общества Сергея Кожугетовича Шойгу и президента Американского Географического Общества Д. Добсона, состоялось торжественное подписание глобуса первой женщиной-космонавтом Валентиной Владимировной Терешковой и первым космонавтом, вышедшим в открытый космос, Алексеем Архиповичем Леоновым.

Станем надеяться, что это будут не последние русские подписи на американском глобусе-легенде.

Заслуженный изобретатель РСФСР, лауреат Государственной премии СССР, кандидат технических наук Валерия Валерьевна ЧКАЛОВА.

Кандидат технических наук
Ольга Валерьевна ЧКАЛОВА.

Президент Международного мемориально-благотворительного фонда имени В. П. Чкалова
Валерий Игоревич ЧКАЛОВ.

Москва 2012г.

Flights History Institute

Vancouver, Washington flights-history.org
+1 (360) 334-7145 info@flights-history.org

Almost a century ago at the early stages of the aviation proliferation throughout the world happened a lot of purely heroic achievements of men (mostly) courage.

Some, like Charles Lindbergh's solo flight crossing the Atlantics in 1927 on a small "The Spirit of Saint Louis" are very well known and still millions do remember, or at least are keeping some details in their minds.

Others are not so lucky, and even in their native countries, just a few aviation history professionals could hardly remember their names and achievements. As an example – no one in California today, ether in small village in the middle of redwood forest, or in the business center of Portland or Seattle, could remember the name of Semen Shestakov and why it really has to ring a bell.

What is much worse – when we asked the same question in different places in Russia the result was absolutely the same – nothing remains in the modern memory. Only in the Internet you can find some quite brief lines exchanged between Russian aviation history ardent fans.

On the August 23, 1929, prominent Russian flyer and test-pilot Semen Shestakov and his crew started their Intercontinental flight from Moscow to New York, where they landed on 1-st of November, and same year. It required to make 24 intermediate flights on the way of 20.612 kilometers and took at all 74 days, being 141 flying hours and 33 minutes. Stops in United States where in Seattle, WA, Vancouver, WA, San Francisco, CA, Salt Lake City, UT, North Platt, NE, Chicago, IL, Detroit, MI, New York, NY. The flight was made using Soviet-made plane ANT-4 called "Land of Soviets".

Scientific-Research Institute of Flights History is a Washington State non-profit corporation engaged in research and dissemination of knowledge of aviation history in general and the role of people and ultra-long range flights in promotion of friendship and good relationship between Russian and American peoples.

Our Mission: the Institute is dedicated to introducing US citizens, both native, as well, as those former USSR emigrants, to the facts of joint USA-Russian history. Our principal goal is to address the issues of joint history through investigation, proliferation of knowledge and education, on historical ultra-long range flights history, self-expression, and counseling. Our activities will encourage personal growth and broaden the experiences of modern and future Washington, Oregon and California states people by providing them the opportunity to spend time finding new facts, as well as remembering now forgotten details of flights history, thus strengthening the mutual friendship and better understanding.

Dave H. Dumas,
President

Mikhail A. Smirnov,
Institute Director and CEO

НИИ Истории Перелетов

г.Ванкувер, штат Вашингтон,
www.flights-history.org +1 (360) 334-7145

Почти век назад, на заре развития авиации, в разных странах отмечены многие проявления человеческого героизма. Некоторые из них, как, например, одиночный перелет через Атлантику в 1927 году Чарльза Линдберга на маленьком самолете «Дух Сент Люиса» хорошо известны и сегодня, миллионы людей по-прежнему помнят многие, или, хотя бы некоторые детали этого перелета.

Другие, не так счастливы, иногда даже в их родных странах, всего несколько профессионалов – историков авиации и то, с трудом, вспомнят их имена и достижения. В качестве примера – никто сегодня в Калифорнии, будь-то в маленькой деревне посреди леса из секвой, будь то в деловых районах Портленда или Сиэтла, не смог вспомнить ни имени Семена Шестакова, ни того, почему это имя вообще что-то должно говорить.

Что еще хуже – когда мы задавали этот же вопрос в разных местах в России – получали тот же самый ответ: «Не знаем». Только в Интернете можно найти несколько, довольно скромных по объему, материалов, которые разместили горячие любители истории российской авиации.

23 августа 1929 года известный русский летчик и испытатель Семен Шестаков со своим экипажем начал интерконтинентальный перелет из Москвы в Нью-Йорк, где он приземлился 1 ноября того же года. По пути пришлось сделать 24 промежуточные посадки, покрыв расстояние в 20612 километров за 74 дня, из которых 141 час и 33 минуты полетного времени. Остановки в США происходили в Сиэтле, Ванкувере, Сан Франциско, Солт Лейк Сити, Норсплатте, Чикаго, Детройте.

Перелет проходил на построенном в КБ Туполева новейшем советском самолете АНТ-4 «Страна Советов».

Научно-исследовательский Институт Истории Перелетов является некоммерческой организацией, созданной в штате Вашингтон, занимающейся исследованием и распространением знаний об истории авиации в целом, а также о роли людей и сверхдальних перелетов в развитии дружбы и взаимоотношений народов России и Америки.

Наша миссия: работа Института направлена на предоставление американцам, как родившимся в США, так и бывшим иммигрантам из СССР, информации о нашей совместной Российско-Американской истории. Нашей главной целью является доведение такой информации о нашей совместной истории через исследования, распространение знаний об исторических сверхдальних перелетах. Наши действия направлены на персональное развитие и расширение кругозора нынешних, а также будущих жителей штатов Вашингтон, Орегон и Калифорнии, предоставление им возможности познакомиться с новыми фактами, помочь вспомнить забытое об исторических перелетах, тем самым укрепляя взаимную дружбу и улучшая взаимопонимание.

Президент   Дэйв Х. Дюма

Директор   Михаил А. Смирнов

Shestakov Semen Aleksandrovich

1898-1943

Test pilot, Colonel. Participated in Great October Revolution (1917), Russian Civil War (1917-1923), Great Patriotic War (1942-1943).

In 1920's Shestakov worked as a test pilot at Scientific Research Institute of the Air Force. In spring 1927 he was also a member of commission accepting (in Leningrad) Junkers C.30 (Yug-1) bombers produced in Germany for Soviet Air Force.

He participated in a number of long distance flights.

Between August 20 and September 1, 1927 pilot Shestakov

and flight mechanic Fufayev D.V. completed the long distance flight in ANT-3 (R-3) "Nash otvet" ("Our Answer") between Moscow – Sarapul – Omsk – Novosibirsk – Krasnoyarsk – Irkutsk – Verkhneudinsk – Chita – Nerchinsk –Blagoveshensk – Spassk – Nanyan – Okayama - Tokyo and back (September 10-22), covering 21 700 km. in 153 flight hours. Shestakov was awarded the Red Banner order for this feat.

According to Wikipedia:

«In 1927, the British minister at the foreign office, Austin Chamberlain, brother of British Prime Minister Neville, severed diplomatic ties with the USSR. In response, the next journey by an ANT-3 was a flight from Moscow to Tokyo and back to Moscow, which took place between August 20 and September 1, 1927, and the plane was titled "Our Reply." The flight was titled "The Great Eastern Overflight," and was piloted by Semen Shestakov. The ANT-3 used was powered by a Mikulin M-5. The expedition covered about 22,140 km (13,500 mi) in 153 flying hours (today, it would take 18 hours), by going from Moscow- Sarapul- Omsk- Novosibirsk- Krasnoyarsk- Irkutsk- Chita- Blagovenshensk- Nanian- Yokohama- Tokyo, and then return. Though not the most direct possible, there were good propaganda opportunities.»

Registration was «RR-INT» Osoaviakhim SSSR Nash Otvet ("Our Reply").

In 1929 Shestakov had approached Tupolev A.N. (aircraft designer) and Baranov P.I. (Air Force of Workers and Peasants Red Army commander in chief) with a suggestion for a transcontinental flight. Boris Sterligov – leading specialist at Scientific and Research Institute of Air Force (later to become chief navigator of Soviet Air Force) and navy pilot Filipp Bolotov (commander of seaplane detachment) were invited to the crew. The first unsuccessful flight commenced on August 6, 1929 in TB-1 (ANT-4) named "Strana Sovetov" ("Soviet Country"). Engines stopped after the fuel has run out close to the city of Chita and the plane crashed in taiga.

The crew returned back to Moscow and on 23-d of August took off on a second flight using a backup plane. First pilot Shestakov S.A., second pilot Bolotov F.Y., navigator Sterligov B.V. and flight mechanic Fufayev D.V. flew the path of

- Moscow
- Chelyabinsk
- Novosibirsk
- Krasnoyarsk
- Irkutsk
- Chita
- Blagoveshensk
- Khabarovsk
- Nikolayevsk on Amur
- Petropavlovsk Kamchatskiy
- Attu
- Unalaska
- Seward
- Sitka

- Waterfall
- Seattle WA
- Vancouver WA
- Oakland/San-Francisco CA
- Salt Lake City UT
- North Platt NE
- Chicago IL
- Detroit MI
- New York NY.

The distance of 21 242 km. was covered under extremely unfavorable weather conditions (constant fog and storms along the whole course) in 141 hours 53 minutes of flight time. Wheels were changed for floats in Khabarovsk and back to wheels in Seattle. The distance of 8 000 km. was flown over the ocean in 50 hours and 30 minutes. The welcome party in New York on November 1, 1929 was triumphant.

WELCOME THE SOVIET FLYERS
MOSCOW
1929
WELCOME!
LAND OF THE SOVIETS
U.S.S.R. 300
FIRST PILOT
SECOND NAVAL PILOT
NOVO SIBIRSK
AERONAVIGATOR
KHABAROWSK
MECHANIC
KODIAK
SAN FRANCISCO
SEATTLE
TO
CHICAGO
NEW YORK

Later in his career Shestakov commanded TB-1 bomber detachment in the Soviet Far East. In 1933 his detachment was reequipped with TB-3 bombers. On October 16, 1941 together with flight engineer Rozenfeld A.A. he took off in the experimental Pe-2M plane equipped with M-105TK (turbocharged) engines and flew it from Kazan to Moscow.

Shestakov took part in the Great Patriotic War. In October 1942 he took command of 146th fighter regiment, which was at the time fighting on South-Western Front. He was shot down flying his Yak-7b fighter and wounded in both legs on August 1, 1943 during heavy fighting close to Lokno-Borilovo village at Orel salient (Battle for Kursk). According to a later research after bailing out over the enemy lines he became POW and perished in German captivity. His wingman was also shot down and captured in the same fight, but later managed to escape.

Unfortunately Shestakov and his long distance flights were undeservedly forgotten in the USSR, unlike the pre war deeds of other famous Soviet flyers: Chkalov, Baidukov, Levanevskiy, Grizodubova, Kokkinaki etc.

Шестаков Семен Александрович

1898-1943

Лётчик-испытатель, полковник. Участник Октябрьской революции и Гражданской войны.

Летчик-испытатель НИИ ВВС. Весной 1927 был членом комиссии, принимавшей в Ленинграде бомбардировщики Юнкерс С.30 (Юг-1), изготовленные для ВВС РККА в Германии.

Участвовал в ряде дальних перелетов. С 20 августа по 1 сентября 1927 летчик С.А.Шестаков и механик Д.В.Фуфаев совершили перелет на АНТ-3 (Р-3) «Наш ответ» по маршруту Москва - Сарапул - Омск - Новосибирск - Красноярск

- Иркутск - Верхнеудинск - Чита - Нерчинск - Благовещенск - Спасск - Наньян - Окаяма - Токио и обратно (10-22 сентября), пролетев всего 21700 км за 153 летных часа. За перелет был награжден орденом Красного Знамени.

В 1929г. Шестаков обратился к А.Н.Туполеву и П.И.Баранову (начальнику ВВС РККА) с предложением осуществить трансконтинентальный полет. Штурманом был приглашен Борис Стерлигов - ведущий специалист НИИ ВВС, впоследствии ставший главным штурманом ВВС. В экипаж привлекли «морского» летчика Филиппа Болотова, командира подразделения морской авиации. 6 августа 1929 был первый неудачный старт полета ТБ-1 (АНТ-4) «Страна Советов». В районе Читы остановились двигатели (из-за нехватки горючего) и при посадке в тайге самолет был разбит.

Возвратились в Москву и полетели 23 августа заново на дублере. Командир корабля С.А.Шестаков, второй пилот Ф.Е.Болотов, штурман Б.В.Стерлигов и бортмеханик

Д.В.Фуфаев пролетели по маршруту Москва - Челябинск - Новосибирск - Красноярск - Иркутск - Чита - Благовещенск - Хабаровск - Николаевск на Амуре - Петропавловск Камчатский - Атту - Уналашка - Сьюярд - Ситка - Ватерфолл – Сиэтл – Ванкувер - Окленд/Сан-Франциско – Солт Лейк Сити - Норсплатт - Чикаго - Детройт - Нью-Йорк.

Расстояние в 21242 км было преодолено при крайне неблагоприятных погодных условиях (туманы на маршруте чередовались с бурями и штормами) за 141 ч 53 минуты летного времени. В Хабаровске была произведена смена колесного шасси на поплавки, а в Сиэтле - смена поплавков на колеса. 8000 км над океаном были пройдены за 50 ч 30 мин. Встреча в Нью-Йорке 1 ноября 1929 года была триумфальной.

Командовал на Дальнем Востоке авиационным соединением бомбардировщиков ТБ-1. В 1933 эта часть была перевооружена на ТБ-3.

16 октября 1941 г. поднял в небо бомбардировщик Пе-2М с двумя М-105ТК и сведущим инженером А.А.Розенфельдом перегнали самолет из Москвы в Казань.

Участник Великой Отечественной войны. В октябре 1942 года возглавил 146-й истребительный авиационный полк, который действовал в составе 3-й уаг на Юго-Западном фронте.

Погиб 1 августа 1943 в боевом вылете. Награжден орденом Красного Знамени, медалями.

V. Chkalov book reprint

Мы решили воспроизвести редкое издание – книгу, написанную Валерием Чкаловым в 1937 году. По понятным причинам она никогда не переиздавалась, ни в СССР, ни в современной России, являясь, сегодня, бесценным документом своей эпохи.

Валерий Чкалов

Герой Советского Союза

Наш трансполярный рейс.

Москва – Северный полюс – Северная Америка

ОГИЗ

ГОСУДАРСТВЕННОЕ ИЗДАТЕЛЬСТВО ПОЛИТИЧЕ-СКОЙ ЛИТЕРАТУРЫ

1938

ВАЛЕРИЙ ЧКАЛОВ
Герой Советского Союза

НАШ ТРАНСПОЛЯРНЫЙ РЕЙС

ОГИЗ

ГОСУДАРСТВЕННОЕ ИЗДАТЕЛЬСТВО

ПОЛИТИЧЕСКОЙ ЛИТЕРАТУРЫ

1938

ВАЛЕРИЙ ЧКАЛОВ
Герой Советского Союза

НАШ ТРАНСПОЛЯРНЫЙ РЕЙС

Москва-Северный полюс- Северная Америка

О Г И З
ГОСУДАРСТВЕННОЕ ИЗДАТЕЛЬСТВО ПОЛИТИЧЕСКОЙ ЛИТЕРАТУРЫ
1 9 3 8

СОДЕРЖАНИЕ

НАШИ ГРАНИЦЫ НЕПРИКОСНОВЕННЫ

Фашистские агрессоры лихорадочно готовятся к новым войнам и захватам. За рубежами нашей страны круглосуточно работают заводы и фабрики над изготовлением орудий истребления человечества. Особое предпочтение фашизм оказывает авиации. Уже не стесняясь, открыто заявляет он миру: новая война начнется внезапным мощным нападением авиации. Соперничая в вооружении, фашистские агрессоры соперничают между собой и в звериной жестокости, уничтожая беззащитное мирное население Испании и Китая.

Ушла в прошлое скорость истребителей в 200—250 километров. Сегодня скорость—500—550 километров. Ушла в прошлое дальность бомбардировщиков 1 000—1 200 километров. Сегодня их дальность—3 500—4 000 километров. Ушла в прошлое высота в 5—7 тысяч метров. Сегодня высота—11—12 тысяч метров. Значительно вырос и продолжает расти количественно самолетный парк.

Наша задача—нанести врагу, если он посмеет напасть на нас, сокрушительный удар. Для этого у нас есть все возможности. Для этого у нас есть то, чего не имеет ни одна страна в мире.

У нас есть замечательная советская родина. Сила ее в том, что она рождает людей, не останавливающихся ни перед какими трудностями во имя ее славы и защиты.

Сто семьдесят миллионов советских людей всеми своими творческими силами участвуют в завоевании побед для своей страны.

У нас есть замечательная партия Ленина—Сталина, являющаяся величайшей школой мужества, выдержки и героизма. Это она ведет нашу страну от победы к победе.

У нас есть замечательный Сталин, наш родной и великий,

5

воплотивший в себе лучшие, идеальные черты большевика, гениальный вождь трудящихся.

Сталин!—вот имя, окрыляющее миллионы советских людей, ведущее на подвиг, к чудесам героизма и отваги.

Сталин!—с именем его связано все замечательное в нашей стране. Он творец всех наших побед. К нему обращены взоры всего нашего народа, к нему обращены взоры лучших людей всего мира. С его именем на устах и в сердце, под его мудрым руководством люди нашей страны творят великое дело социализма.

Нет таких трудностей, которых мы не могли бы преодолеть! Нет таких рекордов, которых мы не могли бы завоевать! Велика и необъятна наша родина, и нет на могучих просторах ее такой пяди, которая не находилась бы под зорким оком неусыпных часовых. Стальной, несокрушимой стеной стоит на границах Советской страны могучая Красная Армия. Вся наша земля, все наши моря, воздух родины нашей, от польской границы до Тихого океана, от Северного полюса до берегов Черного моря—*неприкосновенны!* Это должны запомнить наши враги!

СОВЕТСКИЙ СОЮЗ— ВЕЛИКАЯ АВИАЦИОННАЯ ДЕРЖАВА

Советская авиация заняла выдающееся место в мире. К нашим летчикам переходит один авиационный рекорд за другим, и нет сомнения, что в ближайшее время все мировые рекорды будут нашими, ибо наши летчики проходят сталинскую выучку.

Наши летчики летают не только дальше всех, но и выше всех. По высотным полетам с коммерческой нагрузкой мы занимаем первое место в мире.

3 августа 1936 г. летчик Коккинаки поднялся с полезной нагрузкой в 500 килограммов на высоту в 13 110 метров. Он же 21 августа 1936 г. уже с нагрузкой в 1 000 килограммов набрал высоту в 12 101 метр, превысив более чем на 3 тысячи метров прежний международный рекорд. 7 сентября того же года летчик Коккинаки с нагрузкой в 2 тысячи килограммов поднялся на высоту 11 295 метров, превысив рекорд итальянского летчика Мауро, который с этой нагрузкой достиг высоты в 8 438 метров.

Летчик Юмашев 11 сентября 1936 г. с нагрузкой в

5 тысяч килограммов достиг высоты в 8 102 метра, превысив на 1 500 метров рекорд французского летчика Куле. Он же 16 сентября 1936 г. с нагрузкой в 10 тысяч килограммов поднимается на высоту в 6 605 метров, вдвое перекрывая рекорд итальянского летчика Антонини.

10 ноября 1936 г. летчики Нюхтиков и Липкин с нагрузкой в 10 тысяч килограммов поднялись на высоту 7 032 метра. Мировой рекорд дальности по прямой отвоеван в июне 1937 г. Героем Советского Союза М. М. Громовым на самолете NO-25—„РД“ (Рекорд дальности).

И, наконец, блестящий скоростной полет Коккинаки 27 июня 1938 г. из Москвы в район Владивостока, пролетевшего за одни сутки 7 600 километров со скоростью в 307 километров в час,—показатель того, каких успехов достигла наша авиация.

Мы не получили в наследство от старого режима никакой авиационной промышленности. Теперь она у нас есть, и к тому же первоклассная. Теперь мы с полным правом можем заявить: нет такого самолета, которого советская промышленность не могла бы построить. У нас есть уже и такие совершенные машины, каких нет на Западе. *Советский Союз стал великой авиационной державой.* Это вынуждены признать и наши враги.

ЕЩЕ ВЫШЕ, ЕЩЕ ДАЛЬШЕ, ЕЩЕ БЫСТРЕЕ!

Советские самолеты должны летать еще выше, еще дальше, еще быстрее—таково задание товарища Сталина. Для этого советские самолеты должны быть лучшими в мире. Это должно стать законом для работников нашей авиационной промышленности. Нам нужно иметь много воздушных кораблей, летающих высоко, далеко, быстро и по любому маршруту.

Советская авиационная промышленность, созданная заботами товарища Сталина, выдержала труднейший экзамен. Весь мир знает, на что способна наша авиационная промышленность, весь мир знает, что Советская страна может строить самолеты и моторы для самых трудных перелетов.

Мы законно гордимся успехами авиационной промышленности. Наша страна обладает мощной материальной базой для самолетостроения. Успехами мы гордимся, но зазнаваться не будем. Нам нужно неустанно поднимать авиационную культуру на всех участках, давать машины еще более высокого качества, отделанные с еще большей тщательностью.

Авиационная техника идет вперед гигантскими шагами. Этот непрерывный ее рост ставит перед нашими советскими конструкторами ряд новых и сложных задач. Современный самолет, независимо от его назначения (пассажирский, почтовый, военный) должен обладать высокой скоростью, большой грузоподъемностью, дальностью и значительным потолком.

Наш конструктор обязан смотреть далеко в будущее. Он должен знать, чего требует авиация сегодня и чего потребует завтра. Наши конструкторы еще не всегда умеют смотреть вперед. Только сталинская поддержка, сталинские указания придали нужный размах технической смелости и творческой мысли наших авиационных конструкторов.

Вспоминается встреча товарища Сталина с инженером Н. Поликарповым на Центральном аэродроме в Москве 2 мая 1935 г. Тов. Поликарпова представили товарищу Сталину.

— Над чем собираетесь работать?—спросил товарищ Сталин, предварительно осмотрев уже готовые машины конструкции т. Поликарпова.

Конструктор подробно изложил свой план. Выслушав его, товарищ Сталин обратился к нему:

— А вы нам постройте скоростную машину.

И тут же четко и конкретно определил ее скорость и потолок. А прощаясь, наметил срок выполнения этого задания.

Задание было настолько смелым, настолько неожиданным, что многим оно казалось даже неосуществимым. Но такие машины были созданы и успешно летают.

Товарищ Сталин учит наших конструкторов видеть каждую новую проблему не только с узкой, чисто технической точки зрения, а шире.

Товарищ Сталин знает производственную мощь каждого авиационного завода, знает людей, создающих авиацию. Руководство авиационной промышленностью было поручено прекрасному хозяйственнику, преданному сыну партии, соратнику покойного Серго, М. М. Кагановичу. Авиационная промышленность была обеспечена всем необходимым. И в короткий срок авиационные заводы стали работать образцово, рабочие и инженерно-технический персонал показали прекрасные примеры стахановского труда.

Товарищ Сталин постоянно интересуется вопросами самолето- и моторостроения. Он принимает живейшее участие во всех без исключения совещаниях, посвященных авиационному строительству. Эти совещания созываются часто по его личной инициативе и носят всегда очень конкретный характер. Например, одно совещание было посвящено фигурному пилотажу. Были созваны лучшие летчики страны—строевые и испытатели, и каждый из них отвечал товарищу Сталину на поставленный им вопрос: нужно ли нам фигурное пилотирование? Выслушав всех, он дал ряд практических советов, наставлений. Все сказанное им было необычайно просто и убедительно. Товарищ Сталин поражает своими исключительно глубокими знаниями авиационных вопросов. Он в совершенстве знаком со сложнейшими отраслями авиационной промышленности и деталями самолета.

Разве при такой поддержке, при такой повседневной заботе со стороны товарища Сталина имеет кто-либо право работать спустя рукава? Нет, тысячу раз нет! Нужно работать еще лучше.

Мы не отстаем, а даже превосходим в самолетостроении капиталистические страны. Нужно их в самом недалеком будущем во что бы то ни стало опередить и опередить навсегда. Для этого у нас есть все возможности.

Мне навсегда запомнились слова товарища Сталина, произнесенные им в Кремле: „Смелость, говорят, города берет. Но это только тогда, когда смелость, отвага, готовность к риску сочетаются с отличными знаниями“.

Бесконечно совершенствовать свое уменье, обогащаться все новыми и новыми знаниями—вот задача для работников нашей авиационной промышленности и для летчиков нашей страны.

Организованность и большевистские качества людей— вот что лежит в основе наших успехов. Никакой самолет, никакой механизм не сделал бы своего дела, если бы им не управляли выдержанные, дисциплинированные, внутренне напряженные люди, люди хладнокровные, но горячей натуры. Только такое сочетание людей и техники обеспечивает настоящие и прочные победы.

Наш летчик, покоряющий неведомые пространства, устремляющийся ввысь, всегда чувствует, что он не одинок, что за ним вся страна и, в первую очередь, товарищ Сталин.

9

СТАЛИН — ЭТО СИМВОЛ ПОБЕДЫ В АВИАЦИИ

Слово Сталин в авиации звучит как призыв к победе. Сталина летчики любят крепко, по-особенному, всей душой. И Сталин любит летчиков. Сталин лелеет, бережет их.

Нельзя не вспомнить несколько фактов заботливого, бережливого отношения Сталина к „самому ценному капиталу" нашей страны—к людям.

...Летчик Алексеев нарушил правила полета и разбил машину. Только величайшая отвага позволила летчику в последние секунды вырвать машину из смертельного для водителя штопора. Дело было на Тушинском аэродроме в присутствии товарищей Сталина, Ворошилова и других членов Политбюро. Нужно было видеть обеспокоенное лицо товарища Сталина. Прошло несколько минут. Живой и невредимый Алексеев был уже перед Сталиным и Ворошиловым.

— Товарищ Народный Комиссар Обороны,—обратился Алексеев к т. Ворошилову,—летчик Алексеев потерпел аварию. По своей вине,—смущенно добавил он.

Тогда великий вождь пожал руку пилоту и крепко прижал его к себе.

Мне кажется, что у этого летчика после этой встречи нет и не будет больше нарушений. Такое отеческое, чуткое отношение заставляет каждого летчика быть образцовым в своей работе.

...Товарищ Сталин осматривал модель одной машины, сконструированной инженером С. Ильюшиным. Когда конструктор закончил объяснения, товарищ Сталин, внимательно слушавший, спросил:

— А как вы обеспечили экипажу возможность покинуть самолет в случае аварии в воздухе?

Тогда С. Ильюшин тут же на модели показал технику выбрасывания с парашютом. Товарищ Сталин заметил, что для человека, находящегося в задней кабине, нужно обеспечить возможность более быстрого выбрасывания и, в частности, предложил расширить нижний люк. В этом штрихе—большая забота о человеке.

...Однажды у летчика Коккинаки в высотном полете отказался работать кислородный прибор. Летчик успел быстро спуститься вниз, не потеряв сознания. Об этом узнал Сталин, и когда Коккинаки обратился за разрешением совершить полет на побитие рекорда, Сталин спросил:

10

— А у вас в порядке кислородное оборудование?

2 мая 1935 г. на Центральном аэродроме им. Фрунзе я был представлен товарищу Сталину. Он задал мне ряд вопросов, внимательно выслушивал мои ответы и затем спросил:

— Почему вы не пользуетесь парашютом, а обычно стараетесь спасти машину?

Я ответил, что летаю на опытных, очень ценных машинах, губить которые жалко. Обычно стараешься спасти машину, а вместе с ней и себя.

— Ваша жизнь дороже нам любой машины,—сказал Сталин.

Долгое время я ходил под впечатлением сталинских слов. Много дней я обдумывал все сказанное им и сделал для себя ряд практических выводов: стал летать много дисциплинированнее, чем летал раньше, стал в воздухе спокойнее. Меня поразила ясная сила сталинских слов: жизнь летчика дороже машины!

Мне выпало счастье несколько раз встретиться и разговаривать с товарищем Сталиным. И всегда встречи с ним вызывают у меня целый поток новых мыслей, идей, проектов. Я иногда начинаю мечтать о таких вещах, которые раньше казались неосуществимыми.

Такое восприятие сталинских слов, сталинской заботы, его ласки—не только у меня, а у каждого летчика, у каждого конструктора нашей страны, встречавшегося и когда-либо разговаривавшего со Сталиным. Авиация сроднилась со Сталиным.

Выполняя сложные задания, летчик всегда думает о Сталине. Летчик учится и лелеет мысль быть отличником: он готовит самолет, проверяя все, до последней заклепки; он взлетает, вкладывая все уменье, все мастерство; он в полете берет из машины все без остатка; он идет на посадку—гордый, счастливый, что он не уронил звания летчика сталинской авиации.

Когда видишь Сталина в кругу летчиков,— а такие встречи нередки,—испытываешь особенное счастье, особенную гордость. Разве можно себе представить лучшего друга, учителя, отца!

Если враг посмеет напасть на нашу родину, как жестоко поплатится он в первой же схватке с этим отважным, бесстрашным, сталинским племенем. Мы пойдем в бой с именем Сталина в сердце, и это даст нам безудержную смелость, бесстрашие и решимость, о которые разобьется любой враг.

Сталин наш, и мы безраздельно принадлежим ему!

Мы, советские летчики, клянемся партии, правительству, народам нашей прекрасной родины, что за Сталина мы отдадим себя целиком без остатка!

МЕЧТЫ СТАНОВЯТСЯ ДЕЙСТВИТЕЛЬНОСТЬЮ

С каждым днем все ярче и ярче выявляется могучая творческая сила сталинской эпохи. И то, что раньше казалось несбыточной мечтой человечества, теперь становится явью, становится жизнью.

Более 200 лет назад португалец Бартоломео Лоренцо Гузмао, считающийся изобретателем и первым строителем аэростата, на котором он впервые летал 8 августа 1709 г., обращаясь к королю Иоанну V с просьбой выдать ему патент на изобретение, писал, между прочим, следующее:

„Нижеподписавшийся лиценциат Бартоломео Гузмао доводит до сведения, что он изобрел машину для передвижения по воздуху так же, как это делается по земле или морю, но с гораздо большей скоростью, делая около 200 лье в день. При помощи этой машины можно будет доставлять в армию и отдаленные земли самые важные известия".

Перечисляя другие преимущества изобретенного им аэростата, Гузмао писал: „Указанным способом будут открыты ближайшие к полюсу страны. Кроме многочисленных выгод, которые покажет время, португальскому народу будет принадлежать честь этого открытия".

Прошло, однако, более 100 лет, прежде чем был предложен проект полета, который имел некоторые технические обоснования. Впервые воздушный аппарат в Арктике был применен во время плавания французского корвета „Ла Решерш". Экспедиция под командой Генара в 1838—1840 гг. производила одно из первых исследований архипелага Шпицбергена. При этом были совершены подъемы привязанного шара для метеорологических наблюдений.

Толчком к дальнейшим попыткам применения воздушного аппарата в Арктике явилась знаменитая экспедиция Франклина к Северному полюсу.

В середине XIX столетия Дюпюи-Делькура, Марешаль, Ламберто Триду и Зильберман предлагали различные конструкции аэростатов и варианты перелетов в арктические страны, но ввиду сомнений, которые вызывала как техническая, так и финансовая сторона дела, полеты откладывались. Основной недостаток всех этих проектов заключался в том, что они базировались на одном аппарате, от которого и должен был зависеть успех экспедиции.

Проект, предложенный английским офицером Чейн в 1878 г., предполагал участие трех аэростатов емкостью в 900 кубических метров каждый. В 1880 г. англичанин Коксуэлл предложил достигнуть Северного полюса на трех аэростатах, наполненных газом и соединенных в виде треугольника легкими перекладинами. Проекты путешествия на аэростате французов Безансона и Гюстава Эрмита также оказались неосуществленными.

В 1895 г. Д. Уорт пропагандировал полет к Северному полюсу на алюминиевом воздушном корабле.

Первый, кто совершенно правильно оценил значение наблюдений с воздуха в полярных странах, был Пайер, один из руководителей полярной австрийской экспедиции в 1872—1874 гг., открывший Землю Франца Иосифа. Пайер придавал большое значение воздушной разведке льдов. После возвращения он писал в своей книге: „Было бы полезным исключить всякие попытки достижения полюса в полярных исследованиях до тех пор, пока мы не окажемся в состоянии послать туда вместо беспомощных морских судов суда воздушные“.

Соломон Андрэ, Нильс Стринберг и Кнуд Френкель были первыми, кто попытался на практике осуществить идею достижения Северного полюса по воздушному пути. Но это путешествие закончилось трагически для отважных исследователей. После неудачной попытки осуществить свое намерение в 1896 г., Андрэ отправился 11 июля 1897 г. в Арктику на аэростате „Орел“ вместимостью в 5 тысяч кубических метров, при подъемной силе 3 тысячи килограммов.

Благодаря экспедиции, которая нашла летом 1930 г. остатки экспедиции Андрэ, стали известны некоторые подробности о ней. Удалось выяснить, что уже через три дня после старта аэростат вынужден был опуститься на лед к северо-востоку от Шпицбергена на 82°56' северной широты и 29°52' восточной долготы. После аварии путешественники пробыли на льду восемь дней. Несмотря на опасность своего положения, они решили пройти к Земле

Франца Иосифа для того, чтобы произвести там разные исследования. 22 июля они тронулись в путь. Однако, вследствие сильного дрейфа льдов на юго-запад, им не удалось достигнуть этой земли. Поэтому Андрэ изменил свой маршрут и решил итти к северу Шпицбергена, но путешественники попали в область морского течения, уносившего их на восток и юго-восток. Видя бесплодность своих попыток продвинуться вперед, обессиленные путники решили зазимовать на льду и 12 сентября приступили к постройке снежной хижины. Сильным дрейфом они были настолько отнесены к острову, что, когда 2 октября недалеко от южного берега этого острова раскололась льдина, на которой стояла хижина путешественников, они перебрались на остров. Здесь они соорудили хижину из камней. Хотя в распоряжении путешественников было достаточное количество продовольствия и оружия, они погибли. Причина их смерти не совсем ясна. Последняя заметка имеется в дневнике одного из участников экспедиции, Стринберга, от 17 октября. В ней значится: „Домой в 7 часов 05 минут утра“. Никаких других записей не обнаружено. Можно думать, что Андрэ, Стринберг и Френкель пытались перебраться на берег Северо-Восточной Земли, но принуждены были вернуться и после длительного пребывания на льду погибли от холода и истощения.

Трагический исход экспедиции Андрэ не остановил других отважных исследователей. Американец Уэльман пытался в 1906—1907 гг. перелететь к Северному полюсу. Уэльман был первым, предложившим проект перелета со Шпицбергена на Аляску. Специально для этого полета был построен аэростат с двумя моторами по 100 лошадиных сил каждый. Большие надежды возлагались на тяжелый гайдроп весом в 700 килограммов, в котором были размещены продовольственные запасы. Предполагалось, что в полете над льдами на этом аэростате можно будет предотвратить потери газа, вызываемые атмосферными условиями.

Навигатором в этой экспедиции был русский конструктор Н. Е. Попов. Аэростат на шхуне был доставлен на Шпицберген. Летом 1909 г. воздушный корабль был готов, и все участники вылетели к Северу, но вскоре после старта гайдроп со всеми припасами оторвался, и Уэльман дал приказ Попову повернуть обратно. Норвежское судно помогло отбуксировать дирижабль к берегам Шпицбергена. Этим и кончилось путешествие дирижабля „Америка-2“.

Прошло много лет со времени гибели Андрэ, и Руал Амундсен решил повторить его попытку. Как известно, Амундсену в материальном отношении помог американец Линкольн Элсуорт. Два самолета системы „Дорнье-Валь" № 24 и № 25 долетели до 87°43' северной широты и 10°20' восточной долготы.

Трагически закончилась экспедиция к Северному полюсу Умберто Нобиле в 1929 г. на дирижабле „Италия".

Самых блестящих результатов достигли советские летчики. В 1925 г. Кальвиц совершил первый полет из Ленинграда на Новую Землю. С этого времени советский самолет быстро завоевывает полное гражданство в Арктике. Он становится на Севере таким же обычным, как ледокол или собачья упряжка. Отличным признаком работы советской авиации на Севере всегда являлось немедленное практическое использование малейшего опыта, достигнутого в том или ином полете.

И сейчас советский самолет уже обычен на зверобойных промыслах, на разведке льдов, при проводке караванов судов, при научных работах, при обслуживании морских экспедиций и даже на перевозке технических грузов.

По берегам Северного Ледовитого океана расположено несколько государств, в том числе и такие, которые претендовали и претендуют на господство над морями. Особую активность всегда проявляли на Ледовитом океане Англия, Голландия и Норвегия. Снаряжались экспедиции, были открыты и нанесены на карту северные берега. Но когда выяснилось, что к северу от них простираются льды, что прибылей от торговли на высоких широтах ожидать нечего,—эти государства от дальнейших исследований отказались.

СОВЕТСКИЙ СОЮЗ— ВЛАСТЕЛИН ВЫСОКИХ ШИРОТ

В XX веке первое место в завоевании Арктики занято Советским Союзом. Он властвует над воздухом высоких широт. Исследования в Арктике, перелеты, дрейф во льдах уже перестали быть подвигом отдельных людей, героикой одиночек. Это стало делом Страны советов, водрузившей навсегда знамя социализма на высшей точке мира. Двадцать советских лет изменили лицо Арктики.

15

Уничтожение эксплоатации и национального неравенства, беспрерывная забота партии и правительства об экономическом развитии Крайнего Севера ввели северные национальности в счастливую семью народов, населяющих Советский Союз, а самую Арктику с ее природными богатствами включили в экономику Советского Союза.

В освоении Арктики, как и во всех других областях экономического и культурного развития Советского Союза, продемонстрированы подлинно большевистские темпы. Еще в 1928 г. на побережье Северного Ледовитого океана мы насчитывали всего лишь четыре полярных станции. В 1932 г. их было уже 15, а теперь мы имеем более 50 полярных станций, обслуживающих советский сектор Арктики.

Экспедиция О. Ю. Шмидта на „Сибирякове" в 1932 г., доказавшая возможность прохождения Северного морского пути в одну навигацию, не только поразила и восхитила весь культурный мир, но стала также началом новой эпохи в борьбе за освоение Арктики. Гибель „Челюскина", повторившего поход „Сибирякова", не только не остановила большевистского напора советских полярников, а напротив, усилила размах работ и настойчивость в их проведении. В год челюскинской эпопеи „Литке" прошел Северный морской путь с востока на запад, а в 1935 г. Северный морской путь волей партии и правительства был введен в эксплоатацию, по нему пошли обычные торговые суда с грузами.

АЛОЕ ЗНАМЯ НА «ВЕРШИНЕ МИРА»

21 мая 1937 г. мир узнал о новом блестящем достижении советских полярников и советских летчиков. Экспедиция Героев Советского Союза О. Ю. Шмидта и М. В. Водопьянова водрузила на „вершине мира" алое знамя Советской страны. Северный полюс был покорен.

В 1909 г. американец Пири, затратив больше 20 лет своей жизни на борьбу со льдами, достиг, наконец, Северного полюса. Возвращаясь с полюса, он телеграфировал президенту Соединенных Штатов Тафту, что достиг полюса и преподносит его в дар президенту своей страны. Тафт ответил: „Благодарю за щедрый дар, но не знаю, что с ним делать".

Большевики, достигнув Северного полюса, знали, что

16

с ним делать. Уже через несколько часов после посадки на полюсе, в Москве были получены сведения о температуре, давлении, влажности воздуха, направлении и силе ветра. Дрейфующая станция „Северный полюс" приступила к изучению морских течений, климатических условий, земного магнетизма, атмосферного электричества Центрального полярного бассейна. Синоптические карты Северного полушария преобразились. Синоптики, работающие над анализом состояния атмосферы и предсказанием погоды, почувствовали уверенность в своих прогнозах.

Советские полярники, вооруженные мощной техникой, связанные со всей страной, ведут научную работу в интересах всего человечества.

Слава товарищам Папанину, Кренкелю, Ширшову и Федорову—Героям Советского Союза, водрузившим на Северном полюсе непобедимое знамя Страны советов!

Давно уже лучшие умы человечества мечтали о соединении Европы и Америки с помощью самолета. Было разработано и предложено много вариантов воздушных трасс. Лишь одну из них можно считать осуществленной. Это— трасса из Европы в Южную Америку через Африку, где Атлантический океан менее широк, чем в других местах, и наличие островов позволяло создать авиационные базы.

Вторым наиболее популярным в Западной Европе вариантом воздушного сообщения Европы с Америкой является проектируемая трасса через Ирландию, Нью-Фаундленд и Канаду. После многолетней подготовки только в 1937 г. удалось провести на этой трассе опытный перелет.

Наиболее выгодными для воздушного сообщения между Европой и Соединенными Штатами являются варианты трансарктических воздушных линий, так как расстояние при осуществлении этих линий сильно сокращается. Одним из вариантов трансарктических воздушных линий является трасса от Амстердама (Голландия) через Копенгаген (Дания) — Ленинград — Архангельск — Северный Ледовитый океан—Ном на Аляске—Унимак (Алеутские острова) и далее две ветви: на Сан-Франциско (Соединенные Штаты Америки) и на Иокогаму (Япония). По проекту линию должны были обслуживать дирижабли, на перелет которых до Сан-Франциско и Иокогамы предполагалось тратить 5$\frac{1}{2}$—6 суток.

Другой проект трансарктического воздушного пути, разработанный в Швеции, предусматривал маршрут Стокгольм

(Швеция) — Берген (Норвегия) — Рейкиавик (Исландия) — Юлианхоп — Ивингтон (Гренландия) — Лабрадор и Нью-Йорк (Соединенные Штаты). Шведский пилот Аренберг на самолете „Сверите" сделал в 1929 г. попытку осуществить этот маршрут, но вследствие аварии дальше Исландии Аренбергу лететь не удалось.

Из советских вариантов воздушного сообщения с Соединенными Штатами было осуществлено два. В 1929 г. достиг Америки летчик Шестаков, летевший вдоль Сибирской магистрали, затем через Николаевск-на-Амуре, Петропавловск-на-Камчатке и Алеутские острова.

Второй вариант осуществил в 1936 г. т. Леваневский, пролетевший из Лос-Анжелоса в Москву через Сиэттль, Фербэнкс, Уэллен, мыс Шмидта, бухту Тикси, Якутск и Красноярск.

И только трасса через Северный полюс, представляющая кратчайшее расстояние между Москвой и Соединенными Штатами Америки, долгое время оставалась загадкой, а для меня и для всего экипажа нашего „РД"—заветной мечтой.

ПО СТАЛИНСКОМУ МАРШРУТУ

Июнь 1936 г. В Центральном Комитете ВКП(б) шло очередное заседание. Дождавшись перерыва, мы подошли к Серго Орджоникидзе и напомнили ему о своей просьбе разрешить полет. Тов. Орджоникидзе был в курсе наших работ, но он требовал самой тщательной проверки готовности самолета и экипажа. Когда мы вновь обратились к нему с просьбой выяснить судьбу нашего проекта, Серго, рассмеявшись, сказал...

— Не сидится вам... А машину вы хорошо проверили? Ну, ладно. Я вас с товарищем Сталиным сведу. Что он скажет...

Нарком ушел, чтобы побеседовать с товарищем Сталиным. Взволнованные, мы ожидали его возвращения.

В комнату вошел товарищ Сталин. Поздоровавшись с нами и пожав нам руки, он спросил:

— В чем дело? Что вы хотите, товарищ Чкалов?

— Просим вашего разрешения, Иосиф Виссарионович, совершить полет к Северному полюсу.

В этот момент к нашей группе подошли тт. Молотов,

18

Ворошилов и Каганович, которым т. Орджоникидзе сообщил о нашем проекте.

На минуту воцарилось молчание. Несколько смущенные встречей с вождем народа, мы ждали его ответа. Разрешит ли товарищ Сталин полет на полюс? Доверит ли он нам эту ответственную и почетную задачу? А вдруг он откажет?

Товарищ Сталин сказал:

— Зачем лететь обязательно на Северный полюс? Летчикам все кажется нестрашным—рисковать привыкли. Зачем рисковать без надобности?

...Не рисковать напрасно! Это мудрое предостережение товарища Сталина, в котором еще раз сказались его любовь к летчикам, его забота о людях, его сердечность, мы никогда не забудем.

Иосиф Виссарионович показал нам на карте другой путь: Москва—Петропавловск-на-Камчатке. Об этой трассе мы никогда не думали. Предложение товарища Сталина было не только неожиданным, но и очень заманчивым. Путь от Москвы до Петропавловска-на-Камчатке сулил много новизны. Надо было лететь над пространством, не облетанным еще ни одним пилотом. Надо было проложить великую трассу, соединяющую сердце страны—Москву с ее дальневосточными границами. Мы немедленно приняли этот маршрут, назвав его „Сталинским маршрутом“. Эти два слова мы написали на фюзеляже самолета, завоевавшего гордую славу нашей авиационной технике.

Дни и ночи работали мы на аэродроме. Проверяли сложное оборудование машины, разрабатывали трассу полета, готовили аварийный запас продовольствия. Дела было по горло. И каждый день мы чувствовали, как внимательно следит за нашей подготовкой товарищ Сталин.

Когда были закончены основные подготовительные работы и оставалось только назначить день отлета, экипаж „РД“—Байдуков, Беляков и я были приглашены в Кремль. Здесь состоялась наша вторая встреча с товарищем Сталиным. В кабинете кроме товарища Сталина были тт. Молотов, Орджоникидзе,   и М. Каганович.

Мы вошли в кабинет и поздоровались с присутствовавшими. Товарищ Сталин сказал:

— Докладывайте, товарищ Чкалов.

Мы повесили карту, и я стал подробно рассказывать

о предстоящем полете. На карту была уже нанесена трасса перелета.

Наш проект был одобрен. Когда закончилась беседа, товарищ Сталин, прощаясь с нами, шутливо спросил, указывая на сердце:

— Ну говорите по совести, как у вас там, все в порядке, нет ли у вас там червяка сомнения.

— Нет, товарищ Сталин. Мы спокойны, мы готовы к старту.

Тогда, тепло и дружески пожав нам руки, товарищ Сталин сказал:

— Ну, хорошо. Пусть будет по-вашему.

Путевка на полет была дана.

Задание вождя народа было выполнено. Закончив перелет по Сталинскому маршруту, мы возвращались в Москву. Наш любимец „РД" опустился на одном из подмосковных аэродромов. Товарищ Сталин встречал нас на аэродроме. Он обнял и поцеловал каждого из нас, подробно расспрашивал об условиях полета, хвалил. Мы не находили слов, чтобы выразить этому великому человеку свою любовь и преданность. Мы готовы были вновь подняться в воздух, чтобы повторить свой перелет, чтобы лететь еще дальше, чтобы завоевать для своей страны еще один новый рекорд.

Об этих чувствах я рассказал товарищу Сталину и членам правительства в Кремле, где был организован прием нашего экипажа. В Большом Кремлевском дворце собрались руководители партии и правительства, летчики, конструкторы и инженеры, работники тяжелой промышленности и Красной Армии.

— За великую награду,—сказал я тогда, обращаясь к товарищу Сталину,—за такую встречу разрешите нам, товарищ Сталин, повторить этот маршрут.

...Нам было предложено отдохнуть, и мы поехали на курорт. Принимали ванны, купались, сражались на теннисных кортах, на биллиарде. Беляков изучал французский язык. Отдыхали втроем—я, Байдуков и Беляков. С нами отдыхали и наши жены.

В это лето выпало нам новое счастье. Неожиданно для нас мы с семьями были приглашены в гости к товарищу Сталину... Это необычайно нас взволновало.

Несколько минут мы сидели молча. Но затем побрились, переоделись и с нетерпением поглядывали на часы. Когда настало время ехать к товарищу Сталину, мы вновь стали волноваться.

...Товарищ Сталин жил на даче, окруженной фруктовым садом. Он встретил нас у парадного входа. Здесь же стоял т. Жданов. Внимательно оглядев каждого из нас (поднабрались ли сил на курорте!), товарищ Сталин пригласил нас всех в сад. Много интересного узнали мы в этот день. Товарищ Сталин оказался большим знатоком садоводства.

Осмотрев сад, мы пошли на веранду. Беседа стала еще оживленнее. С огромным вниманием слушали мы каждое слово вождя народа. Товарищ Сталин говорил, например, о том, как мало работают у нас над проблемой электрообогрева самолетов, указывая, что в этом виноват, пожалуй, также и летный состав, который мало следит за своим здоровьем. Речь зашла о парашютах, и товарищ Сталин сказал:

— Нехорошо, что еще не все летчики пользуются парашютом при аварийных положениях. Лучше построить тысячи новых самолетов, чем губить летчика. Человек— это самое дорогое.

Затем зашел разговор о метеорологии. Оказалось, что т. Жданов когда-то очень интересовался этой наукой. Во время нашего перелета он внимательно следил за изменениями метеорологической обстановки.

Весело и непринужденно прошел обед. Гостей было много. Товарищ Сталин был внимателен к каждому из нас, предлагал чувствовать себя как дома.

Мы и здесь не удержались от того, чтобы снова не заговорить о полете на полюс. Иосиф Виссарионович терпеливо выслушал наши доводы и сказал, что мы еще недостаточно изучили материалы, что в нашем распоряжении пока мало ясных метеорологических и других научных данных. Он снова предупредил, что в таком деле излишняя поспешность может только все испортить. Одной уверенности в себе и надежды на машину недостаточно. С этим делом нельзя рисковать, нужно делать все без „авось“, наверняка.

В этот день нам выпало большое счастье выслушать рассказ товарища Сталина о годах, проведенных им в царском подполье, в ссылке.

После обеда завели патефон, танцовали, пели...

21

МЫСЛИ О ПОЛЮСЕ НЕ ИСЧЕЗАЛИ

Мы вновь в Москве. Снова сидим над картами, обсуждаем трассу предстоящего полета. Мысль о полете на Северный полюс не исчезла, она волнует нас. Но на этот раз мы решаемся предложить вариант более сложный: Москва—Северный полюс—Северная Америка. Написали заявление. По возвращении с Парижской авиационной выставки с нетерпением ждали ответа.

В эти дни я почти все время сидел дома, ожидая звонка из Кремля. Решил, наконец, уехать за город на охоту и, вернувшись, с огорчением узнал, что как раз в этот день мне звонили.

— Ну, теперь я не уйду из дома.

А звонка все не было. Мы начали нервничать, волноваться.

Возникли споры: одобрят или не одобрят наш проект.

Шли дни... Положил конец этому томительному ожиданию всегда спокойный и уравновешенный Беляков.

— Вы, как хотите, товарищи,—сказал он,—а я принимаюсь за работу.

Это было мудрое решение. Занявшись полетами и своим любимым штурманским делом, Беляков перестал волноваться. Его примеру последовал Байдуков, занявшийся испытанием самолета. Возобновил текущие работы и я, облетывая новые машины.

Однажды я решил сам позвонить в Кремль. Меня попросили подождать несколько дней. В середине января, наконец, раздался долгожданный звонок. Нам сообщили, что утвержден план полета. Сколько было радости. Мы моментально поехали в ЦАГИ, где закипела работа. Шла проверка самолета и оборудования. И вдруг сообщение: утвердили не наш полет, а полет Водопьянова—на Северный полюс. На первых порах мы не сразу поняли всю мудрость сталинского решения—разрешить раньше полет Водопьянова на Северный полюс, а потом наш. Между тем это было единственно правильное решение: высаженная на полюсе группа зимовщиков могла обеспечить нам передачу сводок о погоде.

Но как быть—разрешения нет, а работы по подготовке к полету начались. Прекращать работы или нет? Решили—

не прекращать, но вести их втайне. Это была, как мы называли, „контрабанда". В марте самолет был готов. В конце этого же месяца полярная экспедиция О. Ю. Шмидта вылетела на остров Рудольфа. Никто из друзей не знал о наших „контрабандных" работах. Журналисты не проведали о них. Когда нас допекали расспросами, мы говорили:

— Да что вы, товарищи, мы ни к каким полетам не готовимся. Просто проводим очередной ремонт машины.

Молнией облетело весь мир сообщение о блестящей высадке советского десанта на Северный полюс. Долго я крепился, наконец, не выдержал и позвонил т. Молотову. Я решил попросить его сообщить, каково мнение товарища Сталина о нашем предложении лететь в Северную Америку.

— Здравствуйте, товарищ Молотов.

— Приветствую. Что скажете хорошего.

— Я, товарищ Молотов, хочу напомнить о нашем ходатайстве лететь через Северный полюс.

— Что, загорелись!

— Мы давно уже загорелись. Машина у нас готова. Все готово.

— Как все готово. Ведь разрешения нет.

— А мы на всякий случай...

Тов. Молотов рассмеялся и сказал:

— Хорошо, товарищ Чкалов. Сейчас можно и через полюс. На днях обсудим ваш вопрос.

И когда я положил трубку на рычаг, я чувствовал такой прилив радости, такую бурю восторга, что хотелось прыгать, петь и кричать. Незачем рассказывать, что переживали мы втроем в эти дни. Дни казались годами. Но ждать пришлось недолго. 25 мая мне позвонили и сообщили, что вечером я и Байдуков (Белякова не было в Москве) приглашены в Кремль для доклада правительству о плане нашего перелета.

Мы так спешили на прием, что позабыли получить пропуска и вспомнили о них только в воротах Кремля. Остановили машину в раздумье. Как быть, ехать ли за пропусками. Подошел дежурный, взглянул на нас и, улыбнувшись, сказал:

— Пропусков не надо. Вас ждут, товарищи.

В КРЕМЛЕ, У СТАЛИНА

Мы сидели за большим столом. За дверью слышались шаги и голоса. В зал вошли товарищи Сталин, Молотов, Ворошилов, Каганович и   Мы встаем и пожимаем всем руки. Товарищ Сталин встречает нас, как своих друзей. Он улыбается. Мы сразу чувствуем себя спокойными среди старших товарищей.

— Что, опять земли нехватает. Опять собираетесь лететь.

— Да, товарищ Сталин,—говорю я.—Время подходит, пришли просить разрешения правительства о перелете через Северный полюс.

Слово предоставляется Леваневскому. Он рассказывает о впечатлениях от недавней поездки в Америку, сообщает об американских самолетах. И здесь я был вновь поражен огромной осведомленностью товарища Сталина даже в узко-технических авиационных проблемах.

Свое выступление я начал с характеристики „РД“, указав, что именно на этом самолете, по нашему мнению, необходимо совершить полет через полюс в Северную Америку. Я напомнил, что свой предыдущий полет мы прервали только из-за метеорологических условий, а в баках машины имелась тогда еще тонна бензина.

Много беспокойства доставил я Байдукову, когда проговорился о „контрабандных“ работах. Дело в том, что, позабыв об уговоре, я рассказал, что все подготовительные работы уже сделаны. Байдуков даже изменился в лице, но раздался голос товарища Сталина:

— Продолжайте, товарищ Чкалов.

Когда я кончил, то на устах товарища Сталина и всех собравшихся была улыбка. „Не поспешили ли мы с подготовкой,—тревожно подумал я.—Ведь постановления правительства не было“. Взглянул на Байдукова—в глазах у него та же тревога.

— Так, значит, как обстоит у них дело с машиной?— спросил товарищ Сталин у М. Кагановича.

— Она давно готова, товарищ Сталин. Вы ведь слышали.

— Да, слышал,—рассмеялся товарищ Сталин.—Впрочем, я об этом знал ранее.

На душе отлегло. Значит, товарищ Сталин знал о всей нашей подготовительной работе. Занятый важнейшими государственными делами, он не забывал о нас. Ну, а если он знал о подготовке, значит...

24

Товарищ Сталин стал расспрашивать нас о всех подробностях проведенной работы, причем мы чувствовали, что он великолепно понимает нас с полуслова, полностью ориентирован во всех работах.

— Так вы, товарищ Чкалов, говорите, что выбор самолета правилен?—спросил он меня.

Потом добавил:

— Все-таки один мотор... Этого надо не забывать.

Я ответил:

— Товарищ Сталин, мотор отличный. Это ведь доказано, и нет оснований беспокоиться. А кроме того,—пошутил я,—один-то мотор—сто процентов риска, а четыре—четыреста.

Наступил самый решительный момент. Товарищ Сталин, задав еще несколько вопросов, немного задумался, а потом сказал:

— Я за, но предлагаю обязать командира перелета товарища Чкалова в случае малейшей опасности прекратить полет в Канаде.

Эту фразу товарищ Сталин повторил и мне:

— Прекратить полет при первой угрозе опасности.

Я не знал, какими словами поблагодарить товарища Сталина за величайшее доверие, оказанное нам. Крепко пожимая руку дорогому вождю, я сказал:

— Спасибо, товарищ Сталин, за доверие. Мы оправдаем его.

— Зачем же вы меня благодарите,—это я вам должен сказать спасибо,—ответил товарищ Сталин.

Мы ушли из Кремля окрыленными.

Предстояло в кратчайший срок закончить тренировку и оснащение машины.

На утро 26 мая мы втроем отправились на аэродром ЦАГИ и занялись осмотром нашей машины.

КРАСНОКРЫЛЫЙ САМОЛЕТ

Несколько слов о машине. „РД" сконструирован для экипажа из трех человек. Впереди помещается первый пилот, среднее место занимает штурман и третье место— второй пилот. Самолет имеет двойное управление. Пилоты меняются на первом сидении. Кабина самолета отеплена с помощью труб, расположенных внутри фюзеляжа, по которым проходит теплый воздух, подогретый от мотора.

25

Предусмотрена возможность посадки машины на воду. В носок центроплана и частично в отъемную часть крыльев помещены баллоны из прорезиненной материи, наполненной воздухом. Это делает самолет до некоторой степени пловучим.

В перелете 1936 г. по Сталинскому маршруту машина блестяще выдержала испытание. Одно перечисление пройденных тогда самолетом пунктов говорит о самых разнообразных испытаниях, которым подвергался самолет. Мы тогда пересекли умеренный пояс, летели в условиях субарктики, жестокой обстановки Крайнего Севера, глубоко вклинились в приполярные области, пересекли приморские и морские районы, меняли температурный режим от высоких плюсовых температур до условий зимнего полета. Не менее сложной была метеорологическая обстановка перелета. Нам приходилось итти при ярком солнце, в дождь, в туман, в облаках, в условиях обледенения. Самолет и мотор нигде не сдавали. Практика полета тогда показала, что самолет перекрывает расчетные нормы. Так, уже в первые часы полета нам удалось достигнуть значительно большего потолка, нежели это предполагалось по разработанному заранее графику. В нашем полете самолет послушно набирал высоту и повиновался пилоту. Машина отлично вела себя и в тумане, и в облаках, и в условиях различных воздушных потоков, в горной местности, и при различных температурах. Вообще летные данные самолета оказались прекрасными. Вот почему, задумывая полет через Северный полюс до Северной Америки, экипаж твердо решил, что лететь нужно на испытанной машине, что лучшей машины нам искать незачем.

Самолет, как мы уже сказали, прежний, но в нем было много усовершенствований. В моторе была повышена степень сжатия, что заметно сказалось на его экономичности и подняло его взлетную мощность, а это очень важно для старта перегруженной машины. Предыдущий перелет обнаружил некоторые дефекты в системе питания двигателя маслом. Хотя масло заливали подогретым, оно в полете все же остывало и настолько сгущалось, что его трудно было качать. Теперь это было устранено благодаря повышенной теплоизоляции масляных баков и улучшению всей системы питания (масляные баки напоминали теперь гигантские термосы). Много неприятностей было в прошлом году при обледенении самолета. Особенной опасности подвергался трехлопастный винт, работающий вследствие специфичности машины с малой окружной скоростью. Ныне на винте был установлен—впервые в Советском Союзе—жидкостной антиобледенитель, сконструированный в ЦАГИ. Мы дважды его проверяли в тренировочном полете. Лопасти винта омывались особой жидкостью, устраняющей налипание льда на поверхность металла.

Заметно улучшились рабочие условия в кабине, в которой нам предстояло провести столько часов. Конечно, больших претензий к инженерам в отношении комфорта кабины предъявить было нельзя. Нам предстояло взять с собой в путь столько оборудования и снаряжения, что теснота неизбежна,—на учете буквально каждый сантиметр. Все же нам устроили койку. Спать на масляном баке, находящемся позади сидения первого пилота,—вещь мало привлекательная. Теперь у нас была замечательная постель. Система отопления кабины была переконструирована.

Радиокомпас, установленный на самолете в прошлом году, ориентировал штурмана и пилота лишь при том непременном условии, что радиостанция, которая пеленговала самолет, лежала на нашей трассе. Сейчас самолет был вооружен радиокомпасом с поворотной кольцевой рамкой, установленной сверху на фюзеляже. Новый радиокомпас позволяет нам определить местонахождение самолета на основании передачи двух любых радиостанций, независимо от того, лежат они на нашем пути или нет. Важно лишь, чтобы были известны координаты этих станций. А мы знали местонахождение всех радиостанций, которые могут поддерживать с нами связь во время перелета.

Успех дальнего перелета зависит не только от того, как сложатся метеорологические условия, но и в значительной мере от того, насколько бережно и разумно мы будем расходовать бензин. В этом перелете было одно серьезное новшество—анализатор газа. Этот прибор непрерывно регистрирует качество топливной смеси, подаваемой в мотор, показывает степень ее обогащения. Переобогащенная смесь невыгодна,—она увеличивает расход горючего. Работа мотора на бедной смеси тоже приводит к отрицательным последствиям. Нужен оптимальный режим. Анализатор газа позволяет пилоту регулировать смесь наиболее выгодно для данных условий.

В нашем распоряжении было все, что могут предоставить современная авиация, современная техника для полета в любых направлениях—днем, ночью, в туман.

Мотор на нашем самолете отличный. Самый придирчивый критик не сможет найти в нем хотя бы малейшие дефекты. Когда мы в прошлый раз стартовали с Щелковского аэродрома на нагруженной доотказа машине, мы были убеждены, что мощность окажется достаточной для отрыва от земли 11-тонного гиганта. Мы были убеждены и в том, что мотор будет экономно расходовать горючее. Так и оказалось. Мы отлично взлетели. Ритм мотора ничем не нарушался. Расход горючего не превышал теоретической нормы. Конструктор А. А. Микулин сумел дать такой мотор, который, являясь органической частью всей конструкции самолета, своей работой помогал осуществлению нашей задачи. Экономичность мотора в таком перелете решает успех задания. Каждый килограмм сэкономленного горючего означает увеличение дальности полета. Расход горючего за все время полета не превышал намеченного по плану. И когда мы приземлились, в баках самолета оставалась еще целая тонна бензина. Этого хватило бы еще на 2500 километров полета. Следовательно, дальность действия нашего самолета достигает почти 12 тысяч километров. Никому из нас не приходила в голову мысль, что мотор может сдать. Так и было: на всем нашем пути мотор ни разу не капризничал. Когда однажды мотор дал выхлоп, Саша Беляков не преминул отметить это „событие" в бортовом журнале.

СТРАНА СНАРЯЖАЕТ

Борьба за качество нашего снаряжения видна была во всем, в любой мелочи, начиная от дюралевого весла (взамен деревянного) для спасательной резиновой лодки и кончая бензином. Кстати о горючем: оно отличалось высоким качеством—сто единиц. Это означало также, что мотор будет работать безотказно и эффективно.

Приказ о подготовке самолета к дальнему полету был подписан руководителем авиационной промышленности М. М. Кагановичем. Инженеры и техники, астрономы, радисты, метеорологи, географы, врачи, портные, работники арктических зимовок включились в подготовку к перелету.

Большую долю участия в подготовке к перелету приняла папанинская станция.

А. В. Беляков, как и следовало ожидать, много поработал над сложным штурманским хозяйством. Беляков ознакомился с работой радиостанции Эрнста Кренкеля.

В институте „Атлас мира" Беляков достал карту западной части Канады и США. Он очень обрадовался, когда увидел карту магнитных отклонений земного шара. По этой карте можно было просмотреть отклонения стрелки магнитного компаса от севера в различных пунктах нашей планеты.

В астрономическом институте им. Штернберга ему составили таблицу, по которой он смог определять местонахождение самолета по небесным светилам. Для большей ориентировки он запросил штурмана Спирина, находившегося тогда на Северном полюсе, о работе компасов, особенно гиромагнитного, на участке остров Рудольфа—Северный полюс, о слышимости радиомаяка острова Рудольфа и, наконец, о магнитном отклонении на полюсе.

По утрам Байдуков и Беляков обучались у радиста Ковалевского искусству принимать и передавать сигналы по международной кодовой таблице. Я засел за изучение маршрутных карт перелета.

Вечером 1 июня я перелетел на „РД" из Москвы в Щелково. Наступили горячие денечки.

Для подготовки материальной части были привлечены в основном все те работники, которые занимались подготовкой перелета по Сталинскому маршруту в 1936 г.

Вся страна участвовала в подготовке к нашей экспедиции. На десятках заводов выполнялись отдельные детали для перелета. Комната по соседству с той, где проживал до полета экипаж, напоминала собой склад. Здесь были сложены меховые унты, рукавицы, примус, походная печка, кирка, топор, ракеты, ружейные патроны, весла, аптечки, сапоги и т. д. и т. п.

Институт авиационной медицины обеспечил нас питанием, одеждой и специальным снаряжением, рассчитанным на чрезвычайно суровые условия Севера. На борт самолета было погружено около 115 килограммов различного продовольствия. Только одну десятую часть этого продовольствия составляли продукты, которыми экипаж должен был пользоваться во время почти трехсуточного полета. Львиную долю этого груза составлял аварийный запас, рассчитанный на питание в течение месяца.

Сюда входили бутерброды с ветчиной (по 100 граммов на человека в день), сливочным маслом (50 граммов), говядиной (50 граммов), телятиной (50 граммов), зернистой икрой (30 граммов), швейцарским сыром (50 граммов). Кроме того в суточный рацион во время полета были включены свежие пирожки, начиненные капустой и яйцами, шоколад (по 100 граммов на человека), кекс (50 граммов), лимоны, апельсины, яблоки. В термосах—горячий чай с лимоном. Термосы, имеющиеся на самолете, были дополнительно утеплены и могли в течение двух суток сохранять температуру содержимого в них жидкости выше 35—40°.

Аварийный запас состоял главным образом из разнообразных концентрированных продуктов, которые при малом весе и большой портативности обладали чрезвычайно высокой калорийностью. В аварийном запасе имелся советский концентрированный питательный препарат, изготовленный из мясного порошка, сливочного масла, овощей и набора вкусовых веществ. Пшеничные галеты повышенного качества (по 260 граммов на человека в сутки) заменяли хлеб. Кроме того, в аварийном продовольственном запасе имелось сливочное масло, колбаса „салями“, особый шоколад с яичным порошком и витаминами, какао с молочным порошком, сухие фрукты, витаминные конфеты, фруктовые экстракты, спички, табак, чай, соль и другие продукты. Суточный запас продовольствия на каждого члена экипажа был упакован в пергаментную бумагу и фольгу. По девять таких комплектов было уложено в 10 резиновых мешков. Каждый мешок обеспечивал питание экипажу в течение трех дней, а все 10 мешков, таким образом, образовали 30-дневный запас.

Экипаж получил теплую и удобную одежду. Нам были сшиты кожаные куртки и брюки на гагачьем пуху. Этот костюм очень легок (куртка и брюки вместе весят около 4,5 килограмма) и водонепроницаем. У каждого кожаные сапоги (типа охотничьих, но облегченные) и двусторонние меховые унты—на случай больших морозов. Голову защищали от морозов меховые ушанки, на руках—меховые рукавицы, надетые на шерстяные перчатки. Кроме того, на самолете было много других теплых носильных вещей: шелковое и тонкое шерстяное белье, толстые шерстяные свитеры и рейтузы, меховые малицы с капюшоном, шелковые и шерстяные носки и другие вещи.

В случае вынужденной посадки самолета наш экипаж

имел бы возможность расположиться довольно удобно, даже если посадка произошла бы в необитаемом месте. На борту самолета находилась шелковая пневматическая надувная палатка с двойными стенками и спальные мешки, сшитые из собачьего меха. Для отопления палатки и приготовления горячей пищи был взят с собой специальный примус, не гаснущий на ветру. Взяты были также надувная резиновая лодка, резиновые спасательные пояса, канадские лыжи, финские и перочинные ножи, револьверы, два охотничьих ружья, топорик, лопата и альпеншток для расчистки льда, электрические фонари, бинокль, кастрюли и сковородки для приготовления пищи.

Была налажена связь с многочисленными пунктами, в том числе с Америкой. Все станции Наркомсвязи и Главсевморпути по маршруту нашего полета, а также станции Канады и Северной Америки слушали самолет, а специально выделенные для этого станции имели двустороннюю связь. Этому способствовала установленная на самолете всеволновая двусторонняя рация.

Подготовку метеорологического обслуживания и радиосвязи удалось закончить в рекордно короткий срок. Например, уже к 3 июня были доставлены в Сиэттль (США) наши коды, с помощью которых самолет в полете держал связь с землей. Переданы они были следующим путем: из Москвы в Париж—с курьером на экспрессе, из Парижа в Нью-Йорк и из Нью-Йорка в Сиэттль—по бильдаппарату.

Штабом был разработан детальный план оказания нам помощи в случае вынужденной посадки. Всем самолетам и ледоколам, находящимся поблизости к маршруту перелета, дано было распоряжение находиться в полной готовности. Все полярные радиостанции должны были беспрерывно принимать позывные нашего самолета. Летчику Мазуруку, находившемуся на острове Рудольфа, и ледоколу „Садко“ было также дано указание быть в любой момент готовыми оказать нам помощь.

Всякий дальний перелет неизбежно связан с целым рядом неожиданностей. Поэтому он требует продолжительной и самой тщательной подготовки и тренировки. Однако известны случаи, когда, несмотря на замечательную подготовку, полеты на дальность срывались.

До сих пор маршруты всех рекордных полетов по прямой линии, как правило, проходили по самым благоприятным трассам. При аварии самолета или при неблатоприятных метеорологических условиях вынужденная посадка не грозила никакими опасностями. Возьмем, например, рекордный перелет Коста и Беллонта или Кодоса и Росси. Они летели над местностями, изобилующими населенными пунктами и радиостанциями. Они пролетали море на тех участках, где часто встречаются пароходы.

Трассы выбирались в зависимости от климатических условий. Так, трассы перелетов из Парижа всегда направляются на восток или юго-восток. Это объясняется тем, что в этих районах хорошие условия погоды подкрепляются наличием попутных ветров.

Нечего говорить о полетах на дальность по замкнутому кругу или по кривой линии. В этих случаях участки выбирают наиболее благоприятные в отношении ориентировки и метеорологических условий.

Так как наш полет прежде всего ставил задачу доказать практическую возможность сообщения по воздуху между СССР и Америкой по кратчайшему пути, то мы не выбирали себе легкой трассы. Времени же для подготовки было крайне мало.

16 июня был проведен заключительный тренировочный полет. В машине мы не обнаружили каких-либо изъянов и недоделок. Мы заявили о полной своей готовности к полету и получили разрешение на вылет. Он был назначен на утро 18 июня.

МЫ ЛЕТИМ В АМЕРИКУ ЧЕРЕЗ КРЫШУ МИРА!

Итак мы летим в Америку!

Наш перелет, протяжением в 9 605 километров, пройдет на трассе, которая в недалеком будущем станет трассой почтово-пассажирских воздушных рейсов между Советским Союзом и Соединенными Штатами Америки.

Тяжел путь. Но разве легко было лететь нам в прошлом году? Самолет дважды обледеневал. Циклоны трепали машину и бросали ее из стороны в сторону. Туманы затрудняли полет. Но все же, где бы ни летел самолет, какую бы часть пути ни проходил, стояла ли июльская жара или был арктический холод, наша машина уверенно шла вперед, четко и бесперебойно работал мотор. Несколько раз во время полета случалось, что козырьки и носки крыльев покрывались льдом. Лед был чрезвычайно опасным врагом. Чтобы избежать обледенения, мы опускались ниже, „оттаивали" и снова поднимались на высоту. Так повторялось неоднократно. Это была тяжелая борьба. Такую же борьбу, а может быть, и еще большую, нам предстояло испытать в новом перелете. Но мы были уверены в победе. Мы были уверены в материальной части. Мы были уверены еще и потому, что каждодневно чувствовали заботу нашего отца, учителя и великого друга Сталина.

В эту ночь авиационный городок не спал. Шли последние приготовления к вылету нашего самолета. Мощные прожекторы освещают широкую бетонную дорожку. Через пару часов с этой дорожки мы возьмем старт.

Не спится в такую ночь. Без двадцати минут два мы уже бодрствовали. Час ушел на переодеванье, утренний завтрак. Когда я вышел из комнаты, навстречу мне двинулась армия журналистов, фоторепортеров. Им и подавно не спалось.

Спортивные комиссары тщательно запломбировали бензиновые и масляные баки, барографы.

Наступила минута прощанья. Я докурил свою папиросу, простился с друзьями и полез в самолет. Байдуков и Беляков были уже в машине.

Утром 18 июня. На востоке горит ярким пламенем заря. Вот-вот взойдет солнце.

Красная ракета взвивается к небу.

— Самолет готов!

Теперь на горке никого, кроме нас. Все провожающие уже на противоположном конце дорожки, за полтора километра от нас.

3 часа 50 минут. Взвивается вторая ракета.

— Прошу старта!

4 часа. Сигнальной ракетой нам отвечают:

— Путь свободен.

В последний раз пробую на земле мотор. Работает безотказно.

Еще пять минут, и в воздухе взвивается белая ракета.

— Старт дан!

Я пустил самолет по бетонной дорожке. Начался самый трудный, самый сложный и вместе с тем самый короткий этап перелета: нужно оторвать тяжело нагруженную машину от земли. Ревущий на полных оборотах мотор понес самолет. Теперь только бы не свернуть. С каждой секундой самолет набирает скорость. Последний привет рукой в сторону провожающих, и я отрываю самолет от земли. Подпрыгнув раз-другой, машина остается висеть в воздухе. Байдуков убирает шасси. Мелькают ангары, затем Щелково, его фабричные трубы. Мы летим. Внизу леса, поля, реки. Утро. Страна просыпается.

Белякову, по графику, первые четыре часа нужно отдыхать. Обязанности штурмана и радиста возложены на Байдукова. Началась первая вахта.

Мотор ревет, работая на полную мощность. Солнце уже высоко поднялось и начинает слепить глаза. Внизу густой туман ложится по лощинам. Проходит час, полтора. Нас все еще провожают в воздухе двухмоторный самолет и другой, поменьше, скоростной дружок. Но вскоре и они, приветливо качнув крыльями, исчезли. Прошли Череповец. Высота—1 200 метров. Беляков проснулся раньше срока. О чем-то говорит с Егором. Слышу их плохо. В кабине непрерывная песня мотора. Саша сменяет Байдукова. Через четыре часа Байдуков сменит меня. Захотелось курить. Крикнул Байдукову. Гляжу, через пару минут он затягивается и сует курево мне. Как приятен табак в эти минуты!

Попросил подкачать масла. Маслометр показывает только 80 килограммов. Байдуков ретиво взялся за эту операцию. Через несколько минут Беляков поднял тревогу: на полу появилось масло.

— Бьет откуда-то!—крикнул Саша.

Вскоре весь пол был залит маслом.

Неужели что-нибудь лопнуло? Не может быть, даже не верится. Что делать? Решаю—откачать обратно. Байдуков и эту операцию выполнил на „отлично“. Потоки в кабине уменьшились, а вскоре и вовсе прекратились. Стало ясно, что масло шло из дренажа. Значит, больше перекачивать не нужно.

Все успокоились. Высота—2 000 метров. Идем по графику. Бензин расходуется нормально. Байдуков уснул, закутав ноги спальным мешком. Беляков копошится у радиостанции. Прошел еще один час.

Скоро мне сменяться. Я уже восемь часов просидел за штурвалом. Впереди еще много тяжелых невзгод. Нужно сохранить силы. Разбудил Егора. Ему не очень хотелось просыпаться, но я уже откинул заднюю спинку и ждал, когда он займет мое место. Но вот он перекинул ноги на управление. Делать это приходилось из-за тесноты весьма искусно. Я свободен. Правда, относительно. Каждую минуту нужно быть наготове. Прилег, закурил трубку. Беляков передает в Москву наши координаты. Вдруг неистовый крик Егора. Что такое, в чем дело? Вскочил, смотрю—на стекле и крыльях лед. Мотор затрясся, стал вибрировать.

— Давай скорее давление на антиобледенитель!—закричал Егор.

Я начал качать насосом. Егор открыл капельник, и солидная струя спиртовой жидкости быстро очистила винт ото льда. Самолет стал спокойнее.

Оказалось, что самолет попал между двумя слоями облачности и стал обледеневать.

Егор правильно сориентировался, дал полный газ мотору, и самолет медленно, метр за метром набирал высоту: 2 200—2 300—2 400—2 500 метров. Уже появилось солнце. Конец облачности.

НАД БАРЕНЦОВЫМ МОРЕМ

Мы над Баренцовым морем. Внизу мелькнуло какое-то судно. Я укутался потеплее и заснул.

Проснулся от толчков. Это Байдуков просит смены. Пришлось проститься с ложем, спальным мешком и ползти к штурвалу.

Мы уже 13 часов в полете. Высота—3 000 метров. Земли не видно. У Белякова вышел из строя секстант. Куда нас снесло, какой силы ветер—неизвестно. Приняв очередную радиограмму, Беляков уступил свое штурманское место Байдукову и завалился спать.

Начало темнеть. Подступает обещанный еще в Москве циклон. Стало совсем темно. Влево от нас сплошная черная стена. Резко изменив курс, я повел самолет вправо. Но надвигающийся циклон неумолим, он стремительно несет облако вправо, преграждая нам путь. Я стараюсь обойти облачность. Курс на остров Рудольфа. Высота уже 4 000 метров. В кабине холодновато. Снаружи температура 24° ниже нуля. Стало не по себе. Отопление включили, а толку мало. Зябнем. Погода все ухудшается и ухудшается.

Подошло время смены. Байдуков ползет ко мне. Сменились. Предлагаю Егору вести самолет вслепую. Сам не ухожу, подкачиваю давление в бачке антиобледенителя.

Егор, этот изумительный мастер слепого полета, смело полез в стену циклона. Все скрылось из поля зрения. Самолет, со всех сторон закрытый облаками, стал мгновенно покрываться прозрачным льдом. Начались тряска, вздрагивания. Темно, зябко. Неужели слепые силы природы восторжествуют и наш краснокрылый „РД“, как ледышка, грохнется вниз? Нет, не думать об этом!

Открыв кран доотказа, Байдуков добился прекращения обледенения на винте. Но плоскости, стабилизатор, антенны быстро леденели. Егор упорно набирал высоту. Мотор берет хорошо. Полный газ! 4 100 метров. Еще 50—80 метров, и показалось солнце. Егор посмотрел на меня, улыбнулся. Я тоже. Все было понятно без слов. Усталость берет свое. Засыпаю.

Вскоре смена. Уже 17 часов мы в полете. Я встал, подкачал масла из запасных баков в резервный и сменил Егора. Самолет идет спокойно. Мотор работает безотказно. В Москву послана радиограмма: „Скоро Земля Франца-Иосифа. Все в порядке“. Что-то еще преподнесет нам Арктика? Летишь и не знаешь, где подстерегает ее зловещая рука. В такие минуты собираешь себя всего, думаешь о Сталине, о родине, о всех близких. И это придает столько энергии, столько решимости, что постоянно мозг сверлит одна мысль: не отступать, только вперед!

Несчастный смельчак Андрэ, погибая в Арктике, но не теряя веры в торжество человека над силами природы, сказал: „Мы будем летать, как орлы, и ничто не сломит наших крыльев“. Да, ничто не сломит наших сталинских крыльев!

20 часов по Гринвичскому времени. Солнце высоко. Проходит еще 20 минут, и Беляков вносит в бортовой журнал: „20 час. 20 мин.—мыс Баренца, на острове Норбрук, архипелага Земли Франца-Иосифа“.

Высота полета—4 300 метров. На фоне ослепительных снегов, ледяных полей резко очерчены величавые и молчаливые острова арктической земли. В 22 час. 10 мин. Беляков радирует: „Нахожусь Земля Франца-Иосифа. Все в порядке“... Он ищет маяк Рудольфа. Наконец мы слышим его. Путь лежит по 58-му меридиану к Северному полюсу.

К ПОЛЮСУ!

Бескрайний океан льдов лежит внизу.

Тут, в тайниках Арктики побывало немного смельчаков. Пири пришел на собаках из Гренландии. Прилетел со Шпицбергена Бэрд. Прилетел вслед за ним со Шпицбергена на Аляску на дирижабле „Норвегия" Амундсен. Пытались проложить трансарктическую трассу из Америки в Европу Линдберг и разбившийся при последней попытке Пост.

У великого исследователя обоих полюсов Руала Амундсена, много раз атаковавшего Арктику с земли и с воздуха, записаны в дневнике изумительно верные строки обращения к Арктике:

„Сколько несчастий годами и годами несло ты человечеству, сколько лишений и страданий дарило ты ему, о, бесконечное белое пространство! Но зато ты узнало и тех, кто сумел поставить ногу на твою непокорную шею, кто сумел силой бросить тебя на колени. Но что сделало ты со многими гордыми судами, которые держали путь прямо в твое сердце и не вернулись больше домой? Что сделало ты с отважными смельчаками, которые попали в твои ледяные объятия и больше не вырывались из них? Куда ты их девало? Никаких следов, никаких знаков, никакой памяти—только одна бескрайняя белая пустыня!"

Арктика ревниво хранит свои тайны. Их оберегают не только бури и туманы, но и волшебные миражи, возникающие в ледяной пустыне с такой же легкостью, как и в знойной, песчаной. Известно, что спутники Амундсена, истощенные многочасовой вахтой на борту дирижабля „Норвегия", к концу путешествия галлюцинировали. Известно также, что знаменитый моряк Росс, углубившийся в узкий проход на запад в Баффиновом заливе, вскоре отступил назад, так как увидел горный кряж, преграждавший ему дорогу. На самом деле это был мираж, а проход выводил к полюсу.

С понятным волнением приближаемся мы к этим местам. Ведь теперь—это наша, советская „территория", если можно так назвать непрочные, дрейфующие льды.

Где-то поблизости от нашей трассы, примерно на долготе Гринвичского меридиана, плывут на льдине наши героические соотечественники, жители Северного полюса:

37

Папанин, Кренкель, Ширшов и Федоров. Хотелось бы увидеть их поселок, резко выделяющийся черным пятном на белизне льдов, сбросить приветственный вымпел, покачать крыльями в виде молчаливого салюта.

Погода прекрасная. Вверху — солнце, ослепительное солнце, внизу — бескрайние ледяные поля. Высота — 4 тысячи метров.

Наступило 19 июня. Летим сутки. Байдуков и Беляков посасывают кислород. „Омоложенный" очередной порцией кислорода, Байдуков уснул.

Справа появился циклон. Пришлось уклониться от курса. Не ладилось с радиостанцией. Передатчик исправлен, но приема никакого. Внизу — все те же ледяные поля.

Скоро должен быть полюс. Высота — 4 150 метров. Компасы стали более чувствительны. Байдуков уже сменил меня.

90° северной широты. Вот он, долгожданный Северный полюс! Где-то влево от нас, на дрейфующей льдине четыре отважных героя, четверо мужественных советских полярников борются на благо родины и мировой науки. Слава им!

В 5 час. 10 мин. Беляков отстучал: „Все в порядке! Перелетели полюс, попутный ветер, льды, открытые белые ледяные поля с трещинами и разводьями. Настроение бодрое, высота полета 4 200 метров".

Мы летим дальше — к полюсу неприступности. Здесь еще не было самолетов. Нам первым предстоит пересечь этот загадочный полярный бассейн.

Идем по солнечному курсу, на юг, по 123-му меридиану.

Смотрю за борт. Какая величественная картина, какие льды! Картина вечных льдов может быть описана только большим художником слова, который нашим богатым русским языком мог бы передать все величие суровой Арктики. Но нам наблюдать за красотой открывшегося несравненного зрелища мешает управление самолетом...

Передаем радиограмму на имя товарища Сталина:

„*МОСКВА, КРЕМЛЬ, СТАЛИНУ*

Полюс позади. Идем над полюсом неприступности. Полны желания выполнить Ваше задание. Экипаж чувствует себя хорошо. Привет.

Чкалов, Байдуков, Беляков".

38

ПОД НАМИ КАНАДА

Вновь облака. Высота—5 тысяч метров. Оставляем облачность внизу. Попутный ветер. Скорость—200 километров в час. Глотаем кислород. Но циклон решительно наступает развернутым фронтом. Вскоре мы оказались у стены облачности, высотой примерно в 6 500 метров. Лезть в облака Егору не хотелось. Он повернул немного назад. А еще через 20 минут завернул за облачную гору, влево. Но и это не помогло. Облака нагнали нас. Пришлось лезть в облака. Температура—минус 30°. Высота—5 700 метров. Снова летим вслепую. Самолет бросает. Егор напрягает все усилия, чтобы удержать машину. Так продолжается час. Но становится очевидным, что лететь дальше на такой высоте невозможно. Сантиметровый слой льда покрыл почти весь самолет. Лед абсолютно белого цвета, как фарфор. „Фарфоровое“ обледенение—самое страшное. Лед необычайно крепок. Достаточно сказать, что он держится в течение 16 часов, не оттаивая.

Пошли вниз. На высоте 3 тысяч метров в разрыве облачности увидели какой-то остров.

Вдруг из передней части капотов мотора что-то брызнуло. Запахло спиртом. Что случилось? Неужели беда?

...Переднее стекло еще больше обледенело. Егор, просунув руку сквозь боковые стекла кабины, стал срубать финкой лед. Срубив немного, он обнаружил через образовавшееся „окошко“, что воды в расширительном бачке больше нет. Красный поплавок, показывающий уровень воды, скрылся. Стали работать насосом. Ни черта! Вода не забирается. Нет воды. Замерз трубопровод. Машина идет на минимальных оборотах. Что делать? Сейчас все замерзнет, мотор откажет... Катастрофа?! Где взять воду? Я бросился к запасному баку—лед... К питьевой—в резиновом мешке лед... Беляков режет мешок. Под ледяной корой еще есть немного воды. Добавляем ее в бак. Но этого мало. В термосах—чай с лимоном. Сливаем туда же. Насос заработал. Скоро показался поплавок. Егор постепенно увеличивал число оборотов. Трубопровод отогрелся. Самолет ушел в высоту.

Три часа потеряли мы в борьбе с циклоном. Но сейчас уже солнце. Появилась коричневая земля: острова Бэнкса.

Экипаж сразу почувствовал облегчение. Байдуков и Беляков, проголодавшись, уплетали за обе щеки промерзшие яблоки и апельсины. За 40 часов полета это был второй прием пищи. Я отказался от этого блюда, довольствуясь туго набитой трубкой.

При исключительно хорошей погоде мы пошли над чистой водой, а в 16 час. 15 мин. прошли над мысом Пирс-Пойнт. Под нами—территория Канады. В упорной, напряженной борьбе с циклонами потеряно много времени, много горючего и еще больше физических сил, но мы летим первыми. История нас не осудит.

Канадский архипелаг—одно из величайших в мире скоплений островов. В природном отношении север Канады многим напоминает нашу Арктику. Все многочисленные проливы затянуты льдом.

В 18 часов увидели Большое Медвежье озеро. Я за штурвалом. Байдуков несет вахту штурмана. Погода отличная. Внизу—огромное озеро, причудливое по форме, с многочисленными губами, глубоко вдающимися в сушу, забитое плотным льдом. Земля попрежнему безжизненна, без леса и кустарника. В 20 часов подошли к реке Мэкензи, одной из величайших рек американского континента. Река уже очистилась ото льдов. Видны гряды невысоких гор, кучевые облака. Самолет стало побалтывать. Погода ухудшилась.

Подошла пора сменяться. Управление отдано Егору. Откуда-то слева надвинулся циклон. Непрошенный гость. Идем вдоль циклона, чтобы выйти к побережью Тихого океана. Снова потеря горючего. Но ничего не поделаешь. Кислорода у нас маловато. Итти на прямую—значит обледенеть. Ниже 4 тысяч метров итти нельзя, так как можно врезаться в горы, знаменитые Кордильеры—гигантское нагромождение горных хребтов. Если бы не проклятый циклон, наш путь лежал бы на юго-восток, в обжитые сельскохозяйственные районы. Перелетев через цепи Скалистых гор в их наиболее низкой части, мы могли бы взять курс прямо на юг, через обширное плато, по реке Фрэзер, до крупнейшего Канадского порта на Тихом океане—Ванкувера и лежащего в 200 километрах от него Сиэттля. Но циклон подстерег нас и заставил итти в обход горных кряжей, на запад. Выбор сделан! Байдуков уверенно ведет самолет к Тихому океану.

40

ЗАДАНИЕ СТАЛИНА ВЫПОЛНЕНО

Начались горы, окружающие долину Мэкензи.

Облачность стала более плотной и скрыла землю. Высота—5 500 метров. Сосем кислород. Беляков сообщает, что кислорода имеется только на один час полета.

Стало холодно. Внутри кабины замерзла вода. Все превратилось в лед. Идем на малых оборотах. Увеличивать число оборотов никто из нас не рискнул бы. Горючее надо расходовать осторожно: обход циклона неизбежно повлечет усиленный расход бензина.

45 часов полета на высоте 4 000—4 500 метров дают себя знать. Становится необходимым гораздо чаще сменяться, а главное, чаще прикладываться к кислороду. Больше часа теперь у штурвала не просидишь. Байдуков просит смены. Он побледнел, вытянулся весь и, освободившись от штурвала, сразу бросается к кислородной маске. Высота—6 тысяч метров. Дышать становится все труднее и труднее. Вдруг что-то теплое ощущаю на верхней губе. Вытер. На пальцах—кровь. Еще несколько секунд. Кровь хлынула носом. Сидеть невозможно. Дышать уже нечем. Пульс—140. Сердце колет. С трудом останавливаю кровь и быстро надеваю маску. Сразу наступает облегчение. Но дышишь кислородом с перерывами—его очень мало.

Самолет веду прежним курсом, через Скалистые горы— к океану. Идем бреющим полетом над облаками. Просидев час, прошу смены. Впереди облачность повышается. Высота—6 100 метров. Облака лезут еще выше. Егор влезает в них. Мутная масса запеленала нас.

По расчетам скоро должен быть берег. Кислород кончился. Нужно снижаться. Без кислорода лететь на такой высоте нельзя. За час полета самолет снизился до 4 тысяч метров. Вскоре показалась вода,—значит Скалистые горы пройдены. Мы над Тихим океаном. На пересечение гор затрачено свыше четырех часов полета. Берега закрыты туманом. Солнца нет. Определить, где мы находимся, невозможно.

В 1 час. 20 мин. туман разорвался и слева показались какие-то острова. Беляков объявил, что мы подходим к северной оконечности островов Шарлотты.

Самолет летит вдоль берега. Ночь. В кабине горит свет. Опять появились облака. Зажгли бортовые огни. Снова

41

начался слепой полет. Опять набор высоты. За бортом—ледяная крупа. Темно. Хочется пить. Байдуков просит того же. Но воды нет. Есть лед. Сосем ледышки.

Высота—4 500 метров. Ночь над Тихим океаном кончается. Горизонт на востоке розовеет. Звезды гаснут. Внизу слева заблестели огни какого-то города. Опускаемся ниже. Началась Северная Америка.

60 часов полета. Белякова забросали вызовами. Все они на английском языке. Разобраться в них невозможно, он настраивается на Сиэттль. Оказывается, Сиэттль уже позади. Нужно ждать маяка Портланда. Наконец появился маяк Портланда. По его позывным сигналам идем уверенно.

Смотрю на карту. Река Колумбия. На левом берегу город. Это Портланд. Мы уже 62 часа в полете.

Идет дождь. В расходном баке бензин кончается. Надо заканчивать полет, садиться. Мы—над городом Юджин. Как поступить? Решаем повернуть назад к Портланду. Несемся над разорванными клочьями тумана, над лесами, над реками. Даю карту Егору. По ней видно, что военный аэродром чуть дальше—у города Ванкувера. Летим туда.

Летим совсем низко. Байдуков осматривает посадочное поле. Узкий аэродром. Ангары. Знаков никаких.

Вираж. Мы несемся над землей.

— Газ давай!—кричу я Егору. Иначе попали бы в какую-то запаханную часть поля. Колеса коснулись американской земли. Беляков как ни в чем не бывало продолжал начатую им еще в воздухе уборку самолета. Я кричу ему: „Саша! Сели!“ Никакого впечатления. Он собирает какие-то веревочки, клочки бумаги, складывает карты, штурманские „пожитки“. Чего стоит такое доверие к нам, пилотам, штурмана Белякова! Он не сомневался в благополучной посадке, как и я не сомневался, что Саша Беляков всегда даст правильный курс.

Говорят, что мы трое совершенно различные по характеру люди. Мне трудно судить об этом. Быть может это и так, но одно достоверно: мы—неплохо сработавшийся коллектив. Мы знаем друг друга, знаем достоинства и недостатки каждого и, что особенно важно, доверяем друг другу. Это доверие, которое окрепло во время первого совместного перелета, помогало нам. Я мог спокойно спать, отдав штурвал Егору Байдукову на несколько часов слепого полета в тяжелой метеорологической обстановке. Я знал—Егор отлично проведет машину.

42

Несмотря на все трудности, нас ни разу не покидала бодрость, вера в благополучное завершение полета. Источник бодрости мы черпали в чувстве близости советского народа, в сознании, что о нас заботится и думает дорогая родина, что о нас вспоминает и следит за нашим полетом товарищ Сталин. С такими чувствами никакие циклоны не страшны!

Полет был закончен 20 июня в 16 час. 30 мин. по Гринвичу, или в 19 час. 30 мин. по московскому времени. Шел дождь.

НА АМЕРИКАНСКОЙ ЗЕМЛЕ

Бегут военные. Я первым вышел из кабины. Сделал несколько нерешительных шагов. Закурил. И, обращаясь к американским солдатам, по-русски говорю:

— Приташите колодку!

Меня, конечно, не понимают. Начинаю объяснять пальцами. Сообразили. Колодка принесена. Положили ее под правое колесо. Егор завернул к ангару, подрулил к воротам.

Подбежал ко мне офицер и с криком „Здравствуйте!" стал жать мне руку. Это был студент университета штата Вашингтон, офицер запаса, проходивший лагерную подготовку, Джордж Козмецкий. Владея русским языком, он затем был некоторое время нашим переводчиком.

К аэродрому стали стекаться толпы народа. Дороги, ведущие к аэродрому, быстро наполнились автомобилями. Появились репортеры и через Козмецкого стали засыпать нас вопросами.

Первым представителем властей Соединенных штатов Америки, с которым нам пришлось иметь дело, был военный комендант аэродрома генерал Маршалл. Этот высокий сухощавый блондин с седыми висками быстро увез нас к себе домой, дал возможность вымыться, побриться и отдохнуть. Курьезным, однако, оставался наш туалет. Пришлось обедать у генерала в одном белье. Его платье оказалось нам по размерам неподходящим. Так, например, генеральские брюки доходили мне до шеи. Кроме полярных костюмов, мы ничем другим не располагали. Уснули. Спали крепко. Побеспокоил только приятный телефонный звонок из Москвы. Вызывал М. М. Каганович. С ним разговаривал Байдуков. Разбудил нас не менее приятный человек—наш полпред в США А. А. Трояновский. Он собирался встретить нас в Сан-Франциско, а теперь на пассажирском „Дугласе" прилетел оттуда в Ванкувер.

К нашему великому удивлению, комната, в которой мы отдыхали, превратилась в универсальный магазин. Десятки костюмов на выбор, белье, обувь, шляпы и тому подобные мелочи заполняли комнату. Об этом позаботился генерал. Одна портландская фирма прислала нам на выбор свои товары и на этом впоследствии приобрела большую популярность.

...Оделись. Начался прием репортеров и фотографов. Крупнейшая американская радиокомпания „Нэшионэл Бродкэстинг Компани" организовала радиоинтервью со мной. Переводил А. А. Трояновский. После теплых приветственных слов по нашему адресу последовало пятнадцатиминутное интервью. Затем к микрофону подошел генерал Маршалл и сказал:

— Я польщен выпавшей на мою долю честью принять в своем доме этих отважных джентльменов.

И вдруг—огромная радость! Приветствия от товарища Сталина, руководителей партии и правительства нашему экипажу:

„Горячо поздравляем Вас с блестящей победой. Успешное завершение геройского беспосадочного перелета Москва—Северный полюс—Соединенные штаты Америки вызывает любовь и восхищение трудящихся всего Советского Союза.

Гордимся отважными и мужественными советскими летчиками, не знающими преград в деле достижения поставленной цели.

Обнимаем Вас и жмем Ваши руки

И. Сталин	*А. Жданов*
В. Молотов	
К. Ворошилов	*А. Микоян*
Л. Каганович	*А. Андреев"*
М. Калинин	

По нескольку раз перечитывали мы это дорогое поздравление.

Большое впечатление произвело на американцев приветствие от президента Рузвельта. Оно было послано нам в воскресенье, когда государственная жизнь Америки замирает.

Утром следующего дня мы побывали в гостях у мэра

44

Ванкувера и мэра города Портланда. Это—один из крупных городов Запада США, он насчитывает до 300 тысяч жителей.

Барографы с нашего самолета были сняты в торжественной обстановке и переданы специальной комиссии. Этому событию сопутствовали воинские почести. Был произведен ружейный салют и поднят флаг. Затем офицеры гарнизона собрались в доме генерала Маршалла, где в нашу честь был устроен прием.

По прибытии в Портланд местная торговая палата устроила завтрак. На завтраке присутствовали все местные гражданские и военные власти во главе с губернатором штата Орегон.

После завтрака нас троих вновь „украсили" венками из живых цветов. Отгремел салют из 12 выстрелов. Все население города вышло на улицы. Попытка проехать в автомобиле потерпела неудачу. Центральные улицы и площади оказались заполненными такой густой толпой, что машина оказалась затертой. Пришлось вылезать. Я, Байдуков, Беляков, А. А. Трояновский и губернатор штата в сопровождении многочисленной толпы прошли по всему городу.

ВСТРЕЧА В САН-ФРАНЦИСКО

К вечеру самолет „Дуглас" доставил нас в Сан-Франциско.

На борту „Дугласа" мы были почетными пассажирами общества „Юнайтед Эйрлайн". Сидя в удобных креслах, мы имели возможность позавтракать. Официантка принесла большой торт с флагами Советского Союза и США. На торте выведена надпись на русском языке: „Привет советским летчикам!"

Над Сан-Франциско „Дуглас" сделал несколько кругов и опустился на Оклэндском аэродроме. При выходе из самолета мы оказались в плену у пятитысячной толпы и фоторепортеров.

Раздавались возгласы: „Да здравствуют летчики Советского Союза!", „Да здравствует Советский Союз—защитник демократии!" Толпа окружила нас.

Аэропорт был расцвечен флагами СССР и США. Здесь нас приветствовали должностные лица Сан-Франциско и

45

Оклэнда, представители Торговой палаты и члены местной коммунистической организации. На их знамени было написано: „Коммунистическая партия Калифорнии приветствует героических советских летчиков за их выдающееся социалистическое достижение".

На нашу долю выпала честь стать объектами дружественного внимания и симпатии со стороны американского населения. Везде нам выражались добрые чувства. В нашем лице Америка приветствовала молодую Советскую страну, восхищаясь успехами в завоевании Арктики и развитием нашей авиации.

Раздалось пение „Интернационала". Окруженные толпой фотографов и репортеров, мы вместе с Трояновским с большим трудом пробрались к специальной трибуне. Поднявшись на трибуну, мы обратились с приветствием к американскому народу. Тов. Трояновский перевел наши слова на английский язык. В ответ раздался гром аплодисментов. Мы без конца пожимали протягиваемые из толпы руки, раздавая розы из поднесенных нам букетов.

На следующее утро мы вместе с Трояновским нанесли визиты гражданским и военным властям в Сан-Франциско. Днем состоялся прием у мэра города в городской ратуше. Почетный эскорт сопровождал нас от консульства до здания ратуши. На улице перед ратушей собралась многотысячная толпа, приветствовавшая нас. Затем в большом зале ратуши состоялся митинг. Его открыл мэр города Росси.

В своей речи мэр подчеркнул международное значение перелета. Он говорил о том, что имена советских летчиков останутся вечно жить в благодарной памяти человечества как имена людей, вписавших новую величайшую страницу в историю мировой авиации. Мэр подчеркнул, что советскими летчиками совершен грандиозный подвиг, и Герои Советского Союза могут располагать гостеприимством города Сан-Франциска. Обращаясь к полпреду СССР т. Трояновскому, он просил передать свое поздравление великой стране, создавшей возможность осуществления такого, вчера еще несбыточного, перелета,—поздравление Советскому Союзу.

Тов. Трояновский, отвечая на приветствие, благодарил за прием, оказанный летчикам, и просил передать признательность всем американским властям, которые своей помощью содействовали успеху перелета. Затем т. Трояновский представил нас многотысячной толпе. Каждый из

46

нас произнес краткую речь, благодаря население и мэра за теплую встречу. Все речи, переводимые т. Трояновским, часто прерывались аплодисментами толпы и возгласами приветствий в честь Советского Союза.

Наш перелет нашел широкий отклик в американской прессе. Все газеты без исключения помещали статьи и корреспонденции, подробные отчеты о перелете, удовлетворяя интерес своих читателей к нашему перелету. Многие газеты не скупились на лестные, подчас восторженные отзывы. Даже реакционная пресса Херста, тренированная в наглых клеветнических статьях по адресу Советского Союза, на этот раз старалась быть объективной. И это понятно,—иначе она потеряла бы многие тысячи читателей.

Все крупнейшие газеты США отозвались на полет передовыми статьями.

„Нью-Йорк Таймс" писала:

„Перелетев через „крышу мира", русские летчики Чкалов, Байдуков и Беляков, награжденные уже званиями Героев Советского Союза, заслужили новые, пышные лавры...

...Великолепный перелет открывает новую полосу воздушного пионерства и оказывает сильную поддержку теории, давно уже выдвигавшейся Стифансоном и другими знатоками Севера о том, что воздушный путь на Восток пройдет через Арктику. Герои Советского Союза вписали замечательную страницу в историю авиации".

А вот что писала газета „Нью-Йорк Геральд Трибюн":

„Мир, начинающий уже слегка уставать от чередующихся побед авиации в различных областях—как возможных, так и невозможных,—не может не испытывать от данного полета то знакомое ему, захватывающее дух, чувство изумления, которое он испытывал от полетов Блерио, Линдберга и Кингсфорда-Смита. Совершив в течение $2\frac{1}{2}$ дней свой полет на специально сконструированном самолете, покрыв свыше 5 500 миль по самому неизведанному и опасному маршруту, который только можно пайти на земном шаре (если не считать ледяных и пустынных районов Антарктики), пробившись через северный магнитный полюс и преодолев связанные с этим навигационные трудности,—Чкалов и его спутники осуществили трудный и блестящий подвиг".

„Нью-Йорк Таймс" в номере от 22 июня писала:

„Не так уж много лет прошло с тех пор, как известные авторитеты заверяли специальную комиссию, назначенную президентом Кулиджем, что было бы безрассудством организовать воздушную почтовую связь с Северной Аляской, что было бы неразумным думать, будто коммерческая авиация может одержать успех на далеком Севере и будто воздушный противник США сможет когда-либо преодолеть льды и снега Севера. Когда Бэрд и Уилкинс пытались совершить свои полеты в Арктику, Амундсен предсказывал им неудачу. А сейчас Чкалов, Байдуков и Беляков, пролетев через полюс, спустились в Ванкувере. Повторяется старая история: мечта превращается в действительность, романтики торжествуют над пессимистами".

„Новые лица на нашем небосклоне"—так называлась статья американской журналистки Женевьевы Таггард в журнале „Совет Рашэ Тудэй".

„Несмотря на то, что мы живем в век развития связи,—указывал автор,—несмотря на наличие газет, телеграфа и радио, Октябрьская революция продолжает оставаться новинкой. Для рядовых американцев Октябрьская революция только начинает выявляться в захватывающих воображение фактах. Через Северный полюс пришло к нам осязаемое доказательство существования нового общества... Двадцать лет прошло с момента победы в 1917 году. Это были двадцать лет ложной информации о СССР. Но сейчас пробита брешь... Полет через Северный полюс, осуществленный сынами рабочего класса, вызывает новый рой мыслей в умах миллионов американцев..."

В ВАШИНГТОНЕ

Скорый поезд умчал нас на восток. Наш путь—в Вашингтон. На пути—Чикаго. Здесь стояли около 6 часов. На вокзале нас встречала многотысячная толпа. Снова овации, приветствия, пожатия рук, автографы. О, если бы только можно было избавиться от необходимости давать автографы... Несколько сот автографов пришлось подписать только на Чикагском вокзале.

Столица Соединенных штатов—Вашингтон—встретила нас тропическим зноем. В этом месте климат побережья Атлантического океана напоминает наш Батуми. Жарко, влажно и душно.

На вокзале нас встречали представители городских властей, сотрудники советского полпредства и журналисты. В тот же день генерал Вестовер—начальник авиационного корпуса армии США—устроил от имени командного состава авиационного корпуса прием в честь нашего полета.

Внутри Белого дома, где работает Рузвельт, и возле здания толпится много туристов.

Рузвельт—плотный, выше среднего роста человек, с умным, энергичным лицом. Мы застали его сидящим в круглом кресле за светлым столом, заваленным книгами и документами. С нами он был очень приветлив, шутил, поздравлял.

Мы в свою очередь выразили ему свою признательность за прием и благодарность за содействие и помощь со стороны правительственных учреждений США во время нашего перелета.

В Вашингтоне был организован ряд банкетов и встреч с крупнейшими государственными деятелями Америки. Особенно интересной была встреча с видным политическим деятелем Соединенных штатов, министром почт Фарлеем. Руководитель комитета индустриальных рабочих, известный общественный и профсоюзный деятель Америки сенатор Джон Люис также приехал в посольство, чтобы лично приветствовать экипаж „РД".

После приема у Рузвельта мы были приглашены на торжественный банкет, организованный в одном из крупнейших отелей Вашингтона. Собралось около двухсот виднейших представителей американской печати и литературы. Нас встретили очень радушно. Представительствовавший на банкете председатель клуба писателей мистер Кенуэрти сказал:

— Согласно обычаю, мы приветствуем всех выдающихся людей мира. Сегодня мы приветствуем тройку советских летчиков, совершивших великолепный перелет через Северный полюс. В их лице мы приветствуем храбрость и мужество.

Председатель национального клуба американской прессы Шарль Гридли, выступивший после Кенуэрти, дал высокую оценку нашему перелету из СССР через Северный полюс в Америку. Он указал, что этот перелет—свидетельство прогресса советской авиации, свидетельство наличия в СССР прекрасных летчиков. Шарль Гридли заметил, что представители прессы во многих случаях были первыми людьми, которые приветствовали выдающихся людей сразу после большого события. Так было и в данном случае.

После оглашения ряда приветственных телеграмм слово было предоставлено нашему полпреду т. Трояновскому.

— Я так много провожу времени с нашими славными тремя летчиками,—сказал т. Трояновский,—что я начинаю чувствовать, будто я сам летчик. (Присутствующие на банкете встретили эти слова т. Трояновского дружным смехом.) Полет товарищей Чкалова, Байдукова и Белякова показывает, что советские пилоты могут летать в любое место мира. Наши героические летчики открыли воздушный путь через неизведанные пространства Севера. Их полет—великое начало для дальнейших работ авиации. Весь мир заинтересован в этих работах, ибо здесь открываются новые горизонты для воздушных путей сообщения. Этот Северный воздушный путь имеет особое значение для наших двух великих народов—Советского Союза и Америки, для дела их сближения.

Инициаторами этого перелета были сами летчики. Страна Советов предоставила им все возможности для того, чтобы практически осуществить их инициативу. И это—характерная особенность нашей страны, в которой создаются все необходимые условия для того, чтобы росла и крепла инициатива советских людей.

После т. Трояновского выступали мы. После речей были снова оглашены поздравительные телеграммы. Известный полярный исследователь адмирал Бэрд телеграфировал:

„Прошу передать мои сердечные дружеские приветы и самые горячие поздравления великим советским летчикам, совершившим замечательный исторический подвиг, который всегда останется в анналах мировой авиации. Перелет из СССР в Соединенные Штаты Америки—это перелет, блестяще спланированный и блестяще выполненный".

Позже состоялся большой прием. Присутствовало около 1 300 человек. Собрались члены правительства, почти весь дипломатический корпус, сенаторы, члены палаты представителей, журналисты, представители деловых кругов, военные пилоты, прилетевшие из других штатов страны, представители крупных авиационных заводов и воздушных линий.

Вместе с т. Трояновским мы принимали гостей. Видные американские деятели один за другим подходили к нам, пожимали руки, поздравляли с исторической победой.

Пришлось и здесь дать сотни своих автографов и без конца фотографироваться с гостями.

В НЬЮ-ЙОРКЕ

30 июня мы прибыли в Нью-Йорк. Снова торжественная встреча на вокзале. Возгласами: „Да здравствует Советский Союз! Да здравствуют советские летчики!"—встречала нас толпа в несколько тысяч человек.

Мы проследовали в здание городского самоуправления, где мэр города Ла-Гардиа тепло принял нас. К нашему приезду в Нью-Йорке готовились. Была даже создана специальная комиссия по встрече, куда вошел известный арктический исследователь Стифансон.

Более 600 человек известных летчиков, исследователей, ученых, журналистов, представителей деловых кругов—присутствовали на обеде, устроенном в честь нашего приезда „Клубом исследователей" и „Русско-американским институтом". Зал огромного Нью-йоркского отеля „Уолдорф Астория", в котором происходил обед, был украшен американскими и советскими флагами.

В числе гостей были генерал Вестовер, товарищ министра торговли Джонсон, редактор „Нью-Йорк Таймс" Финлей, исследователи Стифансон, Фиала, известные летчики Гэтти, Смит и др., представители авиационной промышленности.

Первым приветствовал нас председательствовавший доктор Стифансон. Мы несколько раз беседовали с ним, причем он проявил поразительные знания американской и советской Арктики. Уже пожилой, Стифансон держится бодро и уверенно, полон надежд на окончательное завоевание Арктики и превращение ее в путь сообщения между СССР и Америкой. Стифансон собирается к нам, в СССР. Его книга—„Гостеприимная Арктика", содержащая отчет об экспедиции 1914—1918 гг., переведена на русский язык и издана в Советском Союзе. Стифансону мы подарили карту, по которой летели через полюс в Америку.

В своей речи Стифансон с восхищением говорил о работах Советского Союза по исследованию Северного полюса.

Генерал-губернатор Канады лорд Твитсмур прислал телеграмму, в которой выражал сожаление, что не может лично присутствовать на обеде. Он подчеркнул, что трансполярный полет—не только новый шаг в развитии авиации, но и новый пример замечательной работы Советского Союза в исследовании и освоении Арктики.

Линкольн Эллсворт, известный полярный исследователь, в своем телеграфном приветствии также оценивал полет как эпическое достижение.

„Я,—говорилось в телеграмме,—приветствую трех великих летчиков. Трансарктический воздушный полет в настоящее время является совершившимся фактом. Смелость и храбрость советских летчиков являются непревзойденными".

Генерал Вестовер заявил, что перелет Москва—Северный полюс—США—один из величайших подвигов нашего времени. Это жест доброй воли, устанавливающий более тесный контакт и лучшее взаимопонимание между народами.

Товарищ министра торговли Джонсон в своей речи сказал, что он приветствует полет как историческое достижение и приветствует летчиков, чья храбрость пленила воображение американского народа.

Здесь же нам предложили расписаться на гигантском глобусе. На нем имеются подписи Амундсена, Нансена, Линдберга, Бэрда и других исследователей, указаны маршруты их путешествий, походов, полетов.

Самым замечательным событием этого дня было то, что среди почетных гостей на обеде присутствовал единственный среди приглашенных белых негр Мэттью Хэнсон, живой участник экспедиции Пири к Северному полюсу.

На другой день Общество друзей Советского Союза созвало митинг, на котором присутствовало около 10 тысяч человек. Митинг происходил в манеже 71-го полка.

Когда мы вошли в помещение, где происходил митинг, все присутствующие встали и в течение нескольких минут аплодировали. Нам поднесли цветы, свитые в форме самолетов. Выступали мы, а также известный канадский трансарктический летчик Кэньон, т. Трояновский, Стифансон, астроном Фишер, руководитель Хайденского планетария, доктор Кингсбери.

— Я прошу своих американских друзей извинить меня,—заявил я в своей речи,—за то, что мы в ближайшее время догоним вашу страну. Наш полет принадлежит целиком рабочему классу всего мира. Мы, три летчика, вышедшие из рабочего класса, можем творить и работать только для трудящихся".

Байдуков, обращаясь к собравшимся, сказал:

„Наша страна молода, и жизнь нашей страны похожа на жизнь молодых людей—юношей и девушек, полных энергии и желания непрерывно творить и достигать намеченной цели. Таких людей, как мы, в нашей стране тысячи. Чтобы ни готовили против нас те или иные государства и что бы они ни говорили о нас,—наша решительность в выполнении нашей цели—создать счастливую жизнь во всем мире—нисколько не будет поколеблена! Вы, друзья Советского Союза, примите приветствие от нашего народа, которое мы вам принесли на красных крыльях нашего самолета".

Выступал Беляков. Обращаясь к собранию, он заявил:

„Никогда не был так свободен человек, как он свободен теперь в Советском Союзе. Каждый имеет возможность развивать свои способности. Разве наш полет из Москвы через Северный полюс в США не может служить наилучшим доказательством этого? Мы выполняли поставленную перед собой задачу во имя цивилизации, во славу нашей родины".

Известный исследователь стратосферы майор Стивенс прислал следующую приветственную телеграмму:

„Полет через Северный полюс опять обратил внимание всего мира на мощь Советского Союза, на храбрость и искусство советских летчиков и на превосходное оборудование их самолетов. Их перелет, который совершался в очень неблагоприятных атмосферных условиях, был бы самым трудным подвигом даже в условиях прекрасной погоды".

Под конец митинга толпа подвинулась к трибуне. Мы поспешили к выходу. Никакие усилия не могли сдержать напор народа. Мы были окружены плотным кольцом желающих пожать нам руки. Люди пели на английском языке советский авиационный марш „Все выше и выше..."

...Тоска по Москве давала себя чувствовать с каждым днем все больше и больше. Решили 14 июля пароходом „Нормандия" отправиться в Европу.

Оставшиеся дни были посвящены осмотру авиационных заводов, крупных зданий Нью-Йорка.

ЛЕТИТ ГРОМОВ

В ночь на 12 июля узнали о вылете самолета Громова, и с тех пор ни на минуту не могли отвлечься от мысли: где наши товарищи?

Мы радовались, узнав, что метеорологи обещали им хорошую погоду по всему маршруту. В добрый час! Пусть светит им солнце на далеком пути, пусть и они пронесут знамя Советской страны к дружественному народу Соединенных штатов Америки! Мы верили в победу этого коллектива, ибо экипаж второго „РД" состоял из опытнейших и надежных пилотов, и за ними, как и за нашим экипажем, стоит великая Советская страна.

Какова была радость, когда мы узнали о благополучной посадке, о побитии мирового рекорда дальности! Радость за товарищей, радость за страну.

Велика Америка, и много там интересного и поучительного, с чем можно было бы ознакомиться. Я не забуду небоскребов Нью-Йорка, не забуду величайших мостов Сан-Франциско, но я всегда буду помнить также о забастовках с кровопролитиями, о бесправии черной расы, о проституции несовершеннолетних негритянских девушек, о хилых детях бедняков...

Мы видели величайшую технику, изумляющую даже ее создателя—человека, и величайшую несправедливость в использовании благ, которые техника дает человечеству.

Наши мысли были на родине, в Москве. Могущество и силу Советской страны мы ощущали непрерывно с момента вылета. Мы горды тем, что являемся гражданами СССР, что вместе с нами живет, творит и создает Иосиф Виссарионович Сталин.

Он дал нам возможность поработать во славу нашей родины.

НА «НОРМАНДИИ» В ЕВРОПУ

14 июля пароход „Нормандия" увез нас из Нью-Йорка.

„Нормандия" один из величайших пассажирских пароходов мира. Он принадлежит французскому обществу „Компании Женераль Трансатлантик" и совершает регулярные рейсы между Нью-Йорком и Гавром (порт на севере Франции).

Машины „Нормандии" имеют мощность 160 тысяч сил. Скорость судна—54 километра в час. Пароход может принять 3 500 пассажиров.

В первый же день о нас узнало все население парохода. Капитан парохода ознакомил нас с управлением „Нормандии". Это было весьма интересно, особенно для меня, работавшего когда-то кочегаром на волжском пароходе.

Здесь, на борту „Нормандии", произошел у меня любопытный разговор с одним американским миллионером.

— Вы богаты?—спросил он.

— Да, очень богат,—ответил я.

— В чем выражается ваше богатство?

— У меня 170 миллионов.

— 170!!! Чего—рублей или долларов?

— Нет, 170 миллионов человек, которые работают на меня, так же как я работаю на них!

ПАРИЖСКИЕ ВСТРЕЧИ

В пути „Нормандия" останавливалась только в Соутгемптоне (Англия). Здесь нас встречали представители советской колонии.

19 июля мы прибыли в Гавр. Поезд доставил нас в Париж. На площади у вокзала встречала огромная толпа парижан. В Париже мы пробыли несколько дней. Помимо осмотра Международной выставки, особенно нашего советского павильона, в памяти запечатлелась встреча с трудящимися Парижа, организованная Обществом друзей СССР. Встреча носила исключительно теплый и сердечный характер. Когда экипаж самолета „РД" появился за столом президиума, раздались возгласы: „Да здравствует Советский Союз!", „Советы—повсюду!" Стол президиума превратился в цветочную гору, из-за которой трудно было рассмотреть сидящих в зале.

Генеральный секретарь Общества друзей СССР в своей речи приветствовал нас от имени 70 тысяч членов общества. Он отметил исключительные достижения Советского Союза во всех областях культурной, хозяйственной и политической жизни. Свою речь Гревье закончил под бурные одобрения присутствующих возгласом: „Да здравствует французско-советский пакт!"

С яркой речью выступил т. Вайян Кутюрье. Мне не забыть этого прекрасного человека, так много и отлично поработавшего для борьбы за мир, за коммунизм, против фашизма. „В отличие от фашистской авиации, несущей с собой смерть и разрушения,—заявил Кутюрье,—советская авиация служит мирным целям, служит на пользу всего человечества".

Исключительным достижениям советской авиационной техники была посвящена речь технического директора компании „Эр Франс".

Затем с речью выступил председатель авиационной комиссии палаты депутатов известный французский летчик Боссутро.

Встреча закончилась в обстановке исключительной теплоты и неописуемого энтузиазма. Непрестанно слышались возгласы в честь французско-советской дружбы, лозунги приветствия французско-советскому пакту, призывы к тесному сотрудничеству Франции и Советского Союза в деле борьбы за мир.

Все цветы, полученные нами, мы возложили на памятник французским летчикам, погибшим при исполнении своего служебного долга.

Рабочие авиационного завода „Рено" преподнесли нам знамя. Это знамя будут оспаривать советские авиационные заводы как первую премию в соревновании.

В Париже мы были и раньше—на авиационной выставке. На этот раз мы побывали в местах, где жил и работал Владимир Ильич.

ПО МЕСТАМ, ГДЕ ЖИЛ И РАБОТАЛ ЛЕНИН

Улица Мари-Роз. Комната в два окна во втором этаже. Ее снимал Ленин в 1910—1911 гг. Это был период организации партийной школы в местечке Лонжюмо, в 18—20 километрах от Парижа. В эту школу партийные организации России командировали рабочих. В частности, там учился и покойный Серго Орджоникидзе. Владимир Ильич вел занятия в этой школе, для чего ежедневно ездил в Лонжюмо на велосипеде.

В Лонжюмо находим домик, где велись занятия. Сейчас в этом помещении, более напоминающем сарай, небольшая слесарная мастерская. Ее владелец—француз встречает нас приветливо. У него исковеркана рука—следы войны. Ему было 19 лет, когда в этом самом помещении, принадлежавшем его отцу, существовала партийная школа большевиков.

В переулке нам показывают небольшой домик, в мансарде которого Ильич жил несколько месяцев. По скрипящим ступенькам поднимаемся наверх. Мансарда. Скромная обстановка. Здесь жил и работал великий стратег пролетарской революции.

Мы возвращаемся в Париж через район Орлеан. Здесь, на улице Орлеан, был ресторан, где в 1909 г. происходило расширенное заседание редакции „Пролетария“.

На улице Орлеан мы осмотрели также дом, где помещалась типография, в которой печатались большевистские газеты.

На этом наше пребывание в Париже окончилось. 24 июня поездом „Норд Экспресс“ мы выехали на родину, в Москву.

В РОДНОЙ МОСКВЕ

Всего лишь месяц мы пробыли за пределами своей родины, но стосковались по ней так, как будто пробыли за границей несколько лет.

Как радостно было слышать далекий голос радиостанции Коминтерна в дни перелета, как счастливы были мы, получая телеграммы от родных и знакомых, сколько новых сил влили в нас замечательные слова приветствия товарища Сталина, руководителей партии и правительства!

Мы летели на Север, через полюс, над льдами Центральной Арктики, над тундрой и горными хребтами Канады не для личной славы. Мы хотели показать всему миру возможности и силы советской авиации, мощь и технику Советской страны. Мы хотели умножить славу своей социалистической родины. Мы хотели сделать новый вклад в дело дружбы двух великих народов.

Слова товарища Сталина, его указания мы несли на крыльях самого самолета, как знамя победы. На всем пути мы ощущали его отеческую заботу о людях, чувствовали за собой пристальное внимание всей страны, теплое дыхание родины. Над ледяными просторами Арктики мы ни одной минуты не чувствовали себя одинокими. Мы знали, что всегда и везде с нами весь наш великий и свободный народ, вся наша страна, партия, правительство, Сталин!

Да, мы многое преодолели, многое вынесли, многое сделали. Но кто из граждан могучего Советского союза не отдал бы все силы, все свое уменье, опыт, всю отвагу для того, чтобы достойно выполнить задание товарища Сталина! Мы счастливы и горды тем, что именно нам правительство и партия доверили проложить новый воздушный путь между двумя континентами. Но мы ни минуты не сомневаемся, что сотни и тысячи других советских летчиков с таким же успехом выполнили бы это почетное поручение, ибо для всех нас нет в мире ничего дороже, как выполнить свой долг перед своей родиной, перед своей партией.

Теперь наш путь—в Москву. Мы всюду видим ее образ, образ столицы нового мира, образ города, где живет и работает великий Сталин. Москва всегда была с нами. Это ее могучее дыхание помогло нам предпринять и завершить начатое дело. Это мысль о ней помогла преодолеть стихию, бури, туманы, холод, неизвестность нового пути. Она была с нами в Ванкувере, когда мы садились на землю, соединив великую страну большевиков с Америкой. Она была с нами везде, где люди, пораженные нашим перелетом, окружали нас вниманием и восторгом.

...Мы проезжаем фашистскую Германию. На вокзале в Берлине нас встречает советская колония. Мы проезжаем панскую Польшу. Скоро мы увидим пограничные столбы Советского Союза.

Скоро... Еще несколько часов. Наш поезд прибывает в Негорелое в половине второго ночи.

Яркая луна освещает нам путь. Показалась пограничная арка. Поезд тихо, но торжественно подходит к советской земле. Мы у открытого окна. В коридор вагона вбегает пограничник. Мы крепко целуемся. Он переходит из объятий в объятия. Но коридор уже переполнен, и поцелуям нет конца.

Заграница осталась позади. Свежий запах цветущих колхозных полей бьет в окна вагона. Кругом бурлит кипучая советская жизнь. Гудят гудки могучих заводов, гремят тяжеловесные составы на железнодорожных путях. Красива Страна советов, наша великая родина, где нет места нищете масс и обогащению одиночек, нет места наживе, хищничеству, эксплоатации человека человеком.

А за окнами слышна музыка, восторженные крики „ура". Поезд остановился—Негорелое. Здесь митинг. С нами в вагоне едет полпред СССР в США т. Трояновский. Вместе с ним идем к трибуне. Сколько цветов!

58

В столицу Белоруссии поезд пришел около четырех часов ночи. Но вокзал сверкал иллюминацией. Тысячи людей ждали прихода поезда.

Мы прощаемся с пограничниками.

— Побольше ясных ночей желаю. Чтобы туманов не было,—говорю я одному из них на прощанье.

— О, товарищ Чкалов,—отвечает он.—Вы-то знаете, что такое туманы...

— И вы знаете, и мы знаем...

СНОВА В КРЕМЛЕ, У СТАЛИНА

Пятый час утра. Вагон осажден корреспондентами, фотографами. Нескончаемые расспросы об Америке, ее технике, быте, традициях.

Мелькают станции. Вот Борисов. Орша. Смоленск. Вязьма. Встреча за встречей. Ночь „прошла". Она как и не была. Да разве можно уснуть в такую ночь!

Поезд мчится к столице. Мы уже видим Москву.

Белорусский вокзал. Выходим из вагона. Встреча с родными, друзьями, знакомыми. Минуты незабываемого волнения. Выходим на площадь. Она полна народом. Мы едем улицами столицы. Нас приветствуют тысячи дорогих и близких нам москвичей.

Красная площадь... Я смотрю на звезды кремлевских башен, волнуюсь... И как же не волноваться, когда знаешь, что сейчас увидишь любимого Сталина!

Мы входим в Георгиевский зал. Здесь собрались друзья, товарищи и помощники по организации перелета из Москвы в Северную Америку.

Но вот зал наполнился приветственными возгласами, радостным, ликующим гулом. Входят руководители партии и правительства, входит наш родной и любимый товарищ Сталин. За ним идут товарищи Молотов, Каганович, Ворошилов, Калинин, Микоян.

Товарищ Сталин приглашает нас за стол президиума. Преисполненный огромного счастья и радости, я иду к Сталину, за мной—Байдуков и Беляков.

Товарищ Сталин крепко жмет нам руки, обнимает. Он целует Байдукова, Белякова и меня, как родной отец. С нами здороваются, нас поздравляют и обнимают лучшие соратники товарища Сталина.

59

Мы садимся за стол президиума. Идет оживленная беседа. Товарищ Сталин подробно расспрашивает нас о перелете, интересуется, какие трудности мы встречали на своем пути.

Здесь же я передаю товарищу Сталину дар русской секции Интернационального рабочего ордена США серебряную скульптуру. На точеном пьедестале три орла распахнутыми крыльями поддерживают земной шар. Континенты Европы и Америки соединены чертой, проходящей через полюс. А над этой точкой парит самолет, на фюзеляже которого надпись: „Сталинский маршрут".

Вечер подходит к концу. Мы прощаемся с руководителями партии и правительства.

Мы уходим из Кремля, полные готовности выполнить любое задание партии, любое задание Сталина.

СТРАНА ПОЗДРАВЛЯЕТ

Дома встреча с семьей, с друзьями. На столе ворох писем, телеграмм от знакомых и незнакомых мне людей. В этих посланиях много трогательного, каждое из них— замечательный человеческий документ.

Люди пишут, не зная адреса. Пишут взрослые, дети, старики, летчики, колхозники, пишут прозой, стихами, пишут с Украины, из Армении, Белоруссии, Сибири, с Дальнего Востока. Эти письма дышат безграничной любовью к родине, к правительству, к партии, к Сталину. Они полны гнева и ненависти к врагам народа, к фашистским наймитам, подонкам человечества.

„Я знаю, что вам пишут сотни людей, восхищаясь вашим полетом,—пишет В. Ершов из Красноуральска,—но мои строки отличаются от всех тем, что я не только восхищаюсь—я живу вашими полетами. Мне 18 лет. Я десять лет неподвижен. Недуг окружает мое сердце холодом, а вы своими победами его согреваете. Перед глазами всегда ваш образ. Вы— один из моих любимых летчиков. В шуме радио, в напеве гармоники мне слышится гул мотора вашего самолета. И я уверен, что вы и два ваших товарища вновь полетите по Сталинскому маршруту".

„Я рад и горд за тебя,—пишет бывший некогда моим комиссаром т. Верещагин.—Ты сумел на крыльях своего самолета пронести великое знамя нашей

60

партии—партии Ленина—Сталина, а вместе с ним и славу нашей родины через доселе неприступные ледяные пустыни с мужеством и твердостью, достойной того, кто тебе доверил этот исторический маршрут".

„Вам пишет Полева Катя, пионерка, ученица 6-го класса, приехавшая из Донбасса в Москву к брату провести летние каникулы. Скоро я уезжаю обратно в Никитовку. Если бы Вы, т. Чкалов, знали, как хочется перед отъездом видеть Вас, пожать Вам руку. Эта замечательная встреча осталась бы чудесной памятью на всю мою последующую жизнь".

Много писем с просьбой помочь устроиться в летные училища. Когда читаешь эти письма, радуешься, испытываешь чувство гордости за нашу молодежь.

Чего, например, стоит письмо семнадцатилетнего комсомольца Геннадия Крылова со станции Уваровка. Он пишет:

„Я, как и многие юноши нашей страны, с 9 лет лелею мечту—стать летчиком (хорошо, если бы истребителем). Дерзко? Да, тов. Чкалов, стать летчиком—это для меня все. На вас, Валерий Павлович, вся надежда. Очень прошу Вас: устройте меня в летную школу, возьмите надо мной шефство. Я оправдаю Ваше доверие и буду летчиком „чкаловского закала". Я в начале письма Вам не представился. Давайте-познакомимся: фамилия—Крылов, звать—Генька, скончил 8 классов, получил похвальную грамоту, комсомолец. Вот и весь „послужной список", хотя сюда можно было бы вписать много „аварий". По здоровью я в летчики подхожу. Только нос у меня не в порядке—полипы. Но, ничего. Прошу не отказать в моей просьбе. С комсомольским приветом..."

И фотокарточка приложена. Все в порядке!

Замечательные письма пишут дети нашей страны, молодая поросль нашей родины.

„Дорогой тов. Чкалов!

Мне 8 лет. А я знаю, что вы летали далеко через самый холод и были у белых, и я боялся, как бы они вас не обидели,—они злые. Я тоже буду летчиком, но я придумаю такой самолет, чтобы и летать, и ездить, и плавать, и чтобы под водой. Мы все, ребята детсада ст. Клин железнодорожного, любим

61

вас и хотим быть, как вы, героем. Целую вас, тов. Чкалов. Остаюсь *Леля Базаров*".

„Я не поэт,—пишет В. Дод из Чимкента.—Но мое стихотворение есть результат глубоких переживаний человека, который в силу физического недостатка (у меня прострелена рука) никогда не может стать летчиком. Чтобы не показаться навязчивым, я Вам ничего не пишу о себе. Всех нас все равно Вам знать невозможно—*нас миллионы*.

> — Незримый сам, я вижу вас, орлы,
> Прекрасной родины отважные сыны.
> На крыльях мужества, отваги и уменья
> Вы «Сталинский маршрут» в порыве вдохновенья
> Над полюсом с триумфом пронесли,
> Связав далекие материки земли...

У меня не было возможности отвечать на все эти волнующие письма. Их много, очень много!

НАУЧНЫЕ РЕЗУЛЬТАТЫ ПОЛЕТА

Многие в письмах спрашивают: какой наиболее важный научный результат достигнут полетом через Северный полюс? Охотно отвечаю. Наиболее существенным достижением полета явились метеорологические открытия.

Мы установили, что высота арктических облаков в среднем 6—7 километров вместо 3 километров, как это предполагалось раньше. Поэтому полет через полюс требует соответствующей подготовки, чтобы иметь возможность лететь на большой высоте, преодолевая облака, не теряя видимости и избегая весьма опасного явления—обледенения крыльев самолета. Во время полета на протяжении более 15 часов на крыльях самолета имелся слой льда, что неизбежно перегружало самолет. Такой высокий полет требует кислорода, чтобы компенсировать его недостаток в разреженных слоях воздуха на большой высоте. Наш экипаж пользовался кислородными приборами в течение 10 часов полета, в результате чего запасы кислорода скоро иссякли.

В районе магнитного полюса нами были успешно преодолены все затруднения, вызванные поведением компаса. Заранее разработанные расчеты о магнитном склонении в районе полюса оказались верны. На известной части пути нашего перелета обычный магнитный компас был почти совершенно бесполезен. Жирокомпас действовал вполне удовлетворительно. Во время ясной погоды секстант точно показывал местонахождение самолета.

В течение 62 часов полета только 5 часов пришлось лететь ночью. Это было над Канадой.

Когда мы летели в районе полюса, стояла ясная погода, позволявшая нам наблюдать беспредельные ледяные пространства. Мы видели большие пространства с гладкой поверхностью льда, где имелась возможность приземлиться, если бы это потребовалось.

На протяжении многих километров полета погода была исключительно неблагоприятная. „РД" должен был преодолевать свирепые циклоны в течение многих часов; это отняло много ценного горючего.

Полет Москва—Ванкувер не совершался по строго прямой линии. Штормы, облака, горы и другие препятствия часто заставляли нас итти окольным путем, отклоняться от прямого курса, но, несмотря на все это, все затруднения были преодолены. Часто было трудно дышать, отсутствовала видимость, временами прерывалась радиосвязь, но мотор работал прекрасно, и наша решимость преодолеть все трудности не колебалась.

Доказано, что самый короткий воздушный путь между СССР и Соединенными штатами лежит через Северный полюс; вполне возможно, что эта „линия" со временем будет использована для пассажирского и почтового сообщения.

Я убежден в практической целесообразности воздушного пути между СССР и США через Северный полюс, но лишь при условии, что полет будет происходить на большой высоте.

В память совершенного нами перелета жители города Ванкувера решили воздвигнуть памятник на месте посадки „РД". Для этого организован комитет под председательством Генри Расмуссена.

Комитет пишет:

„Интересно отметить, что колеса советского самолета коснулись земли, уже имеющей почтенную историю. Самолет остановился вблизи первого очага цивилизации в северо-западной части Соединенных штатов, вблизи места рождения сухопутного, водного и воздушного транспорта великого Северо-Запада.

63

На берегах реки Колумбии и в Ванкувере были построены первые шхуны, был спущен первый пароход и пролетел первый самолет.

Граждане Ванкувера и штата Вашингтона просят сделать место посадки транспортного самолета конечным пунктом будущей воздушной линии Москва—Северный полюс—Северная Америка".

СПАСИБО СТАЛИНУ, СПАСИБО ПАРТИИ!

Мы сделали все, что смогли. Задание Сталина мы выполнили. Верим, что нам будет позволено совершить и третий Сталинский маршрут. Наша жизнь принадлежала и принадлежит ленинско-сталинской партии, и мы готовы — я говорю это от имени экипажа „РД"—пожертвовать всем для защиты ее идей.

Великая благодарность родной стране, воспитавшей меня и моих товарищей!

Спасибо вам, друзья, помогавшие нам продолжить Сталинский маршрут!

Большое спасибо Вам, Иосиф Виссарионович! Пусть знают враги, что по первому зову правительства в воздух подымутся тысячи сталинских орлов, воспитанных Вами, и грудью защитят свою страну.

Редактор Г. Акопян
Художественное оформление Н. Седельникова
Технический редактор Н. Лебедева
Корректора Е. Новожилова и З. Окунь
Сдано в набор 27 июня 1938 г. Подписано в печать 28 августа 1938 г. Государственное издательство политической литературы № 308. Уполн. Главлита № Б-48978. Тираж 150 000 тыс. Формат 82×110¹/₃₂. Объем 4 печ. л. 35 тыс. зн. в 1 печ. л. Заказ № 2325. Текст отпечатан на бумаге ф-ки им. Менжинского.

Цена 60 коп.

3-я фабрика книги «Красный пролетарий» треста «Полиграфкнига». Москва, Краснопролетарская, 16.